DIRECTION GÉNÉRALE DES POSTES
ET DES TÉLÉGRAPHES.

CONFÉRENCE TECHNIQUE

DE JUILLET 1889.

PARIS.

IMPRIMERIE NATIONALE.

M DCCC LXXXIX.

CONFÉRENCE TECHNIQUE

DE JUILLET 1889.

MINISTÈRE
DU COMMERCE, DE L'INDUSTRIE ET DES COLONIES.

DIRECTION GÉNÉRALE DES POSTES
ET DES TÉLÉGRAPHES.

CONFÉRENCE TECHNIQUE

DE JUILLET 1889.

PARIS.

IMPRIMERIE NATIONALE.

M DCCC LXXXIX.

CONFÉRENCE TECHNIQUE

DE JUILLET 1889.

DOCUMENTS ADMINISTRATIFS.

ARRÊTÉS.

CONSTITUTION DE LA CONFÉRENCE, RÈGLEMENT ET PROGRAMME.

LE CONSEILLER D'ÉTAT, DIRECTEUR GÉNÉRAL DES POSTES ET DES TÉLÉGRAPHES,

Considérant l'intérêt qu'il y aurait pour l'Administration à recueillir, coordonner et discuter dans des conférences les renseignements techniques résultant de l'expérience ou des études des différents fonctionnaires sur la construction et l'entretien des lignes téléphoniques,

ARRÊTE :

ARTICLE PREMIER.

Des conférences administratives seront ouvertes du 15 au 31 juillet 1889, à l'Administration centrale à Paris, sous la présidence du Directeur général des Postes et des Télégraphes, dans le but d'y discuter les questions dont le programme est ci-annexé.

ART. 2.

Pourront seuls prendre part à ces conférences :

1° Les fonctionnaires supérieurs de l'Administration centrale chargés d'un service technique;

Conférence technique.

2° Les ingénieurs et sous-ingénieurs en résidence à Paris et dans les départements ;

3° Les inspecteurs (anciens contrôleurs) et les contrôleurs en résidence à Paris.

ART. 3.

Le temps consacré à ces conférences ne sera pas compté comme congé. Un permis de circulation sera délivré aux fonctionnaires qui demanderont à y prendre part, mais aucuns frais de séjour ne leur seront alloués.

ART. 4.

Tout fonctionnaire qui demandera à être admis à ces conférences sera tenu d'en suivre les travaux avec assiduité.

Les demandes d'admission seront reçues jusqu'au 8 juillet prochain. Elles devront être adressées sous le timbre du secrétariat de la Direction générale.

ART. 5.

Un règlement ultérieur déterminera l'ordre des travaux et la tenue des séances.

Paris, le 27 juin 1889.

Signé : G. COULON.

RÈGLEMENT.

Le Conseiller d'État, Directeur général des Postes et des Télégraphes,

Vu l'arrêté en date du 27 juin 1889 concernant les conférences administratives,

Arrête :

Organisation générale. — 1° Les conférences administratives instituées par l'arrêté du 27 juin 1889 comprennent des réunions plénières et des réunions par section.

Constitution de bureau. — 2° Les séances plénières sont présidées par le Directeur général, assisté de deux vice-présidents, d'un secrétaire et des secrétaires de section.

Les sections sont présidées par les ingénieurs les plus élevés en grade dans leur ordre d'ancienneté; les secrétaires sont choisis parmi les plus jeunes ingénieurs résidant à Paris.

Le bureau de la Conférence se compose du président, des deux vice-présidents et des présidents de section.

Constitution des sections. — 3° Les membres de la Conférence ont la faculté de choisir la section dont ils désirent faire partie. Ils peuvent cependant assister aux séances des autres sections et, avec l'autorisation du président, prendre la parole dans l'une quelconque d'entre elles et participer à ses travaux avec voix délibérative.

Le nombre minimum des membres composant chaque section est cinq. En cas d'insuffisance par option, le bureau fait d'office les désignations nécessaires.

Ordre des travaux. — 4° Les sujets à traiter sont examinés dans les sections avant d'être soumis à la réunion plénière.

Chaque section est appelée à discuter les questions comprises à son programme, et celles qui lui sont renvoyées par l'assemblée plénière ou par le bureau.

5° Les membres qui désirent faire des communications doivent, si elles rentrent dans le cadre du programme, les présenter à la section compétente, et, dans le cas contraire, les soumettre préalablement au bureau.

6° Les résultats des délibérations dans les sections sont présentés sous formes d'avis motivés. Un ou plusieurs rapporteurs sont désignés pour exposer à la réunion plénière les questions examinées et y soutenir les conclusions adoptées. Leurs rapports sont soumis à la section avant d'être lus en séance plénière.

7° L'assemblée plénière confirme les avis des sections ou les adopte sous réserve de modifications, ou encore les renvoie à une section pour un nouvel examen. Elle peut également provoquer la réunion de deux ou plusieurs sections pour l'étude en commun d'une question touchant aux programmes de ces diverses sections.

Ordre des séances. — 8° L'ordre du jour des séances plénières est arrêté par le bureau. Il est porté à la connaissance des membres par les soins du secrétaire.

9° A la fin de chaque journée, le bureau fixe les heures de convocation et règle le programme des travaux du lendemain. Les heures des séances sont fixées de manière à permettre aux divers membres qui auraient des communications à faire de suivre les travaux de plusieurs sections.

Tenue des séances. Procès-verbaux. — 10° Le président est chargé de la police et de la direction des travaux de chaque réunion. Nul ne peut y prendre la parole qu'avec son autorisation.

Un procès-verbal de chaque séance est rédigé par le secrétaire et lu à la séance suivante ou à la clôture des travaux.

Les demandes de reproduction de documents par impression en autographie, pendant la durée de la session, sont adressées au secrétariat de la Conférence par les secrétaires adjoints avec l'attache des présidents;

11° Les présidents des sections transmettent chaque jour un résumé de leurs travaux au secrétariat des conférences.

Peuvent être convoqués aux séances des sections avec l'autorisation du bureau de la Conférence, les agents ou sous-agents qui sont en mesure de fournir d'utiles renseignements et que les sections jugent opportun d'entendre.

Le président provoque soit les expériences qui seraient de nature à faciliter l'étude des questions, soit l'envoi des types et modèles nécessaires.

Les secrétaires recueillent les renseignements et font les recherches sur les points particuliers demandés par les sections.

12° Les délibérations sont prises à la majorité des voix des membres présents. En cas de partage, la voix du président est prépondérante.

Publication des travaux. — 13° Un compte rendu des travaux de la Conférence sera publié après approbation par le Directeur général.

Les mémoires et rapports lus en séance pourront être imprimés avec l'autorisation du directeur général ou insérés aux *Annales télégraphiques* sur l'avis du comité de rédaction.

Première convocation. — 14° La Conférence s'ouvrira par une séance plénière qui aura lieu le 16 juillet 1889 à 3 heures du soir.

Les membres appelés à prendre part à la Conférence devront se faire inscrire au secrétariat, en désignant la section qu'ils auront choisie, avant le 14 juillet s'ils résident dans les départements.

Paris, le 11 juillet 1889.

Signé : G. COULON.

LE CONSEILLER D'ÉTAT, DIRECTEUR GÉNÉRAL DES POSTES ET DES TÉLÉGRAPHES,

Vu l'arrêté du 27 juin 1889, instituant des conférences administratives;

Vu l'arrêté en date du 11 juillet 1889, réglant l'ordre des travaux et celui des séances,

Arrête :

ARTICLE UNIQUE.

Sont nommés vice-présidents :

MM. Boussac, inspecteur général du contrôle, chargé par intérim de la Division du matériel et de la construction; Raymond, directeur de l'École professionnelle supérieure.

Paris, le 12 juillet 1889.

Signé : G. COULON.

PROGRAMME.

Les questions sont placées sous cinq titres différents
auxquels correspondent cinq sections.

1re SECTION.

CONSTRUCTION ET ENTRETIEN DES RÉSEAUX TÉLÉPHONIQUES URBAINS OU D'INTÉRÊT LOCAL.

a. *Examen comparatif des divers systèmes :*

Lignes souterraines, en galerie, en tranchée, câbles suspendus.
Lignes aériennes. — Système mixte.
Moyens de combattre les effets de l'induction mutuelle ou de la
capacité électrostatique. — Applications particulières. — Conditions résultant de la coexistence de plusieurs espèces de fils électriques dans les mêmes localités (fils d'incendie, militaires, de lumière, d'intérêt privé, etc.).
Jonction de lignes différentes.

b. *Lignes souterraines :*

Types de câbles pour les diverses catégories de ces lignes. —
Modèles de supports pour lignes en galerie ou suspendues. —
Systèmes de canalisation. — Galeries spéciales. — Mode de pré-
servation des câbles.
Raccordement des fils extérieurs et intérieurs. — Cas particu-
liers.
Mode d'exécution des travaux. — Outillage. — Prix de revient
moyens.
Entretien et surveillance. — Essais et vérifications périodiques.
— Durée probable des diverses lignes.

c. *Lignes aériennes :*

Conditions générales relatives au tracé des lignes et à l'exécution. — Circuits doubles. — Nature, diamètre et résistance des fils. — Types d'isolateurs.

Tourelles centrales, fixées sur les maisons, indépendantes. — Types appropriés au nombre de fils. — Modèles des diverses pièces. — Conditions d'installation. — Calcul des résistances ou des surcharges. — Mode d'exécution.

Entrée des fils dans les postes. — Rosaces. — Paratonnerres.

Appuis divers, fixés sur les maisons, indépendants. — Choix des matériaux : bois, fer ou acier. — Examens des fers et aciers marchands pouvant être utilisés. — Types d'appuis et d'accouplements. — Modes d'assujettissement sur les maisons, de fondation ou de plantation. — Haubans.

Distance minima des fils. — Conditions d'installation des circuits doubles. — Nombre maximum de fils pour chaque type d'appuis.

Déroulement. — Soudure. — Arrêtage des fils. — Sourdines.

Mode d'exécution des travaux. — Outillage. — Rapports avec les riverains. — Prix de revient moyens.

Entretien et surveillance. — Durée probable des diverses parties de lignes. — Moyens de préservation.

Composition des équipes téléphoniques. — Leurs attributions.

2ᵉ SECTION.

INSTALLATION, ENTRETIEN ET EXPLOITATION DES BUREAUX CENTRAUX DES RÉSEAUX TÉLÉPHONIQUES URBAINS.

a. *Organisation générale du service :*

Emplacement du bureau. — Disposition et dimensions du local. — Divers systèmes d'exploitation. — Genres de commutateurs et d'appareils propres à ces divers systèmes. — Moyens de simplifier les manipulations. — Condition d'application de chaque système.

Succursales. — Réseaux annexes. — Combinaisons diverses.

Mode de jonction des réseaux urbains ou des lignes privées avec les lignes interurbaines.

b. *Installation :*

Fils ou câbles intérieurs. — Câbles antiinductés.

Examen comparatif des divers types et modes d'installation des commutateurs, simples, multiples.

Annonciateurs d'appel et de fin de conversation. — Tableaux. — Cordons à fiches. — Fiches. — Springjack ou crochets. — Choix de types appropriés aux diverses catégories de bureaux (petits, moyens, grands, très grands). — Transformations à prévoir.

Meubles et appareils de service des bureaux centraux.

Piles. — Types et groupement des éléments pour piles d'appel et de microphone. — Emploi des piles secondaires. — Accumulateurs. — Appel par courants électromagnétiques.

Câbles de terres. — Mise à la terre simultanée de tous les fils en cas d'orage.

Comptage mécanique du nombre des conversations. — Appareils accessoires divers.

c. *Entretien et surveillance :*

Personnel nécessaire. — Vérifications périodiques et éventuelles de l'état des communications. — Rapports entre les agents de l'exploitation et ceux de l'entretien. — Attributions des uns et des autres pour la surveillance des appareils des bureaux centraux.

d. *Exploitation :*

Statistique. — Résultats obtenus en France et à l'étranger. — Nombre d'abonnés que peut desservir un opérateur dans les divers systèmes. — Nombre de communications qu'il peut donner par heure. — Règles pouvant servir à fixer la composition du personnel. — Règlement intérieur du bureau central pour chaque système.

Transmission des télégrammes par téléphone. — Organisation de ce service spécial dans les bureaux centraux. — Prix de revient. — Autres services accessoires.

Recrutement, instruction et rétribution des téléphonistes.

Prix de revient moyen des frais d'exploitation évalués : 1° par abonné; 2° par conversation.

3ᵉ SECTION.

APPAREILS. — POSTES TÉLÉPHONIQUES D'ABONNÉS.
CABINES PUBLIQUES.

a. *Appareils* :

Types et modes de vérification des récepteurs et transmetteurs à acheter par l'Administration. — Conditions auxquelles ces appareils pourraient être mis à la disposition des abonnés. — Essai des appareils appartenant aux abonnés. — Conditions d'introduction de nouveaux types.

b. *Postes téléphoniques* :

Installations (Type d'). — Examen comparatif des modes d'appel. — Sonneries ordinaires, électromagnétiques. — Piles, de microphone, de sonneric (Composition et montage des). — Boîte à pile.

Fil de terre (Composition et pose du).

Mode d'installation de plusieurs appareils sur le même fil chez le même abonné.

Fil unique desservant plusieurs abonnés. — Commutateur automatique ou à distance.

Entretien des appareils et des piles (Règle générale pour l'). — Revisions périodiques et éventuelles. — Personnel nécessaire. — Moyens de transport. — Abonnés ruraux. — Entretien des appareils appartenant aux abonnés.

Examen au point de vue technique de la formule pour abonnement. Règles à donner aux abonnés.

Nomenclature des abonnés (Rédaction, impression, publication et distribution de la).

c. *Cabines publiques* :

Types de cabines. — Choix des emplacements. — Règles générales du service. — Ordre des inscriptions.

Cabines installées dans les bureaux de poste et de télégraphe : Communications entre les cabines, le bureau central et le guichet de perception des taxes.

Cabines installées dans des établissements privés. — Mode d'exploitation.

Cabines automatiques.

4e SECTION.

TÉLÉPHONIE INTERURBAINE.

a. *Tracé et la constitution* du réseau interurbain (Principes généraux pour le). — Doubles circuits.

Utilisation des fils télégraphiques pour le service téléphonique et *vice versa*. Limites de cette application. — Appels phoniques. — Résultats obtenus.

Construction des lignes neuves. — Nature du fil, fer, cuivre dur, cuivre recuit, bronze. — Diamètre du fil suivant la distance. — Moyens de combattre les effets de l'induction mutuelle et de la capacité électrostatique. — Forme et intervalles des croisements des doubles circuits. — Précautions à prendre contre la *self-induction*. — Mode d'installation de plusieurs circuits parallèles sur les mêmes appuis. — Prix de revient moyen suivant la distance.

b. *Appareils téléphoniques et micro-téléphoniques* propres aux communications à longue distance (Choix des). — Emploi à cet usage et vérification des appareils des abonnés de réseaux urbains. — Annonciateurs pour fin de conversation.

c. *Bureaux centraux* aux points de convergence de plusieurs lignes interurbaines. — Organisation et mode d'installation. — Règlement intérieur. — Jonction des lignes interurbaines avec les bureaux centraux des réseaux urbains.

d. *Statistique.* — Résultats obtenus sur les lignes interurbaines. — Durée normale des conversations; manière de la compter. — Nombre de communications par circuit et par jour. — Nombre maximum de communications par circuit et par heure. — Nombre de circuits que peut desservir un opérateur aux heures les plus occupées. — Nombre maximum d'intermédiaires.

e. *Personnel* (Composition du). — Recrutement, instruction et rétribution des agents du service à grande distance.

5e SECTION.

TÉLÉGRAPHIE.

a. *Construction des lignes aériennes* (Emploi pour la) des appuis métalliques, du fil, de cuivre dur, de cuivre recuit, de bronze. — Résultats obtenus. — Procédés d'exécution. — Lignes souterraines. — Entretien. — Mode d'exploitation. — Résultats.

b. *Appareils en usage* (Rendement des divers). — Perfectionnements à l'essai. — Indicateurs d'appel. — Organisation du service des centres de dépôt desservant un grand nombre de bureaux secondaires.

Emploi du téléphone pour le service rural.

Télégraphie duplex.

c. *Piles* (Montage et entretien des). — Emploi en télégraphie des accumulateurs ou piles secondaires, ou des machines dynamo-électriques.

SÉANCES PLÉNIÈRES.

PROCÈS-VERBAUX.

Séance du mardi 16 juillet 1889.

La séance est ouverte à 3 heures, sous la présidence de M. le Directeur général des Postes et des Télégraphes, qui prononce l'allocution suivante :

« Messieurs,

« Je vous remercie de l'empressement que vous avez mis à répondre à notre appel. Vous avez déjà pressenti quel en était le but et l'importance.

« Depuis quelques années, les applications de l'électricité ont pris des développements considérables, et cependant elles sont peu de chose en présence des résultats qu'elles permettent d'entrevoir.

« Parmi ces applications, l'une des plus intéressantes est certainement celle qui a pris le nom de téléphonie.

« Surprises par l'apparition d'un moyen de communication aussi rapide, la plupart des nations du monde civilisé ont hésité sur le meilleur régime d'exploitation qu'il convenait de lui appliquer ; les unes ont eu recours à l'exploitation par l'industrie privée, les autres à l'exploitation par l'État, d'autres à un régime mixte.

« Cependant il est, dès à présent, intéressant de constater que les pays d'Europe où les communications sont les plus nombreuses, les plus faciles, les plus économiques, sont ceux où le téléphone est entre les mains de l'État et que d'autres prennent leurs dispositions pour racheter à l'industrie privée les lignes qui sont exploitées par elle.

« La France, Messieurs, vient de s'avancer résolument dans cette voie. Le Gouvernement nous fait le grand honneur de nous confier l'exploitation des téléphones. Il faut le remercier de cette marque de confiance et y répondre par un grand effort.

« En votre qualité d'ingénieurs, vous n'êtes pas chargés d'assurer l'exploitation des réseaux téléphoniques, mais vous avez pour mission de les constituer et de veiller à leur bon fonctionnement.

« Les difficultés techniques soulevées par leur construction ont divisé les meilleurs esprits. Bien que la grande ligne téléphonique que nous venons d'établir entre Paris et Marseille ait apporté de précieux éléments de solution, tous les problèmes scientifiques sont loin d'être résolus.

« L'Administration a pensé que le meilleur moyen de stimuler l'activité des esprits, en vue de coordonner les doctrines, consistait à provoquer une réunion où chacun apporterait ses curiosités, ses doutes et aussi le résultat de ses recherches et de ses études.

« Tel est le but de ces conférences.

« Chacun y jouira d'une liberté qui n'aura d'autres limites que celles que les convenances imposent aux hommes bien élevés, qui ne veulent pas blesser la susceptibilité de leurs camarades ni manquer aux égards qui sont dus à des chefs respectés.

« Ces discussions auront pour effet de mettre en lumière la valeur des jeunes savants qui sont notre espoir, et de nous préparer à soutenir, devant le congrès international des électriciens qui doit avoir lieu au mois d'août, l'honneur de l'Administration française.

« Messieurs, par suite de l'incertitude qui régnait sur le régime définitif qui devait être appliqué aux téléphones, leur développement a été, dans notre pays, de peu d'importance; et j'ai le regret de constater que, sur quinze nations qui les exploitent, la France n'occupe que le douzième rang. J'espère que nous nous retrouverons l'an prochain à pareille époque, et que, grâce à nos efforts communs, nous aurons conquis pour notre nation une situation digne d'elle. »

M. LE PRÉSIDENT donne ensuite la parole à M. Séligmann-Lui, désigné pour remplir les fonctions de secrétaire, pour lire l'arrêté constitutif de la Conférence et le règlement intérieur; puis il explique comment il entendrait l'organisation du travail au sein des sections.

M. CAËL, désigné pour présider la 1re section, se récuse, son état de santé ne lui permettant pas de suivre régulièrement les séances. M. Belz s'offre à présider la 1re section au lieu de la 4e; M. Amiot prend alors la présidence de la 4e section.

M. TROTIN se trouvant retenu par les opérations du jury de l'Exposition et ainsi empêché de présider la 5e section, M. Lorin est appelé à le remplacer.

La séance est levée à 3 heures et demie.

A la suite des modifications apportées en séance à la liste primitive, la composition des sections s'est trouvée définitivement arrêtée de la manière suivante :

1re SECTION.

M. BELZ, *président;*

MM. LAGARDE, SAMBOURG, PELLETIER, BARBARAT, BEAU, HOULET, JACOT, BONTEMPS, JACQUIN, SCHAEFFER;

M. FROUIN, *secrétaire.*

2e SECTION.

M. MAGNE, *président;*

MM. BERTHOT, CLÉRAC, DARCQ, SÉLIGMANN-LUI, DE LA TOUANNE, MANDROUX, MAMBRET, POMEY, DURÈGNE;

M. LORAIN, *secrétaire.*

3e SECTION.

M. BERGER, *président;*

MM. RAMBAUD, BELUGOU, SIEUR, LAFON, PETIT, THÉBAULT, DECAMPS, ESTAUNIÉ, VOISENAT;

M. TONGAS, *secrétaire.*

4e SECTION.

M. AMIOT, *président;*

MM. FRIDBLATT, VASCHY, BOUCHARD, CHAUVELON, GUERVILLE, MASSIN, CONSIGNY, THOMAS, BABOULET;

M. CAILHO, *secrétaire.*

5e SECTION.

M. LORIN, *président;*

MM. WUNSCHENDORFF, BAUDOT, WILLOT, CAILLERET, GODFROY, MARTIN, ÉVRARD, DE NERVILLE, RHEINS, CARÊME;

M. THÉVENIN, *secrétaire.*

Séance du mercredi 24 juillet 1889.

La séance est ouverte à 3 heures, sous la présidence de M. Boussac.

M. le Président donne lecture d'une lettre par laquelle M. le Directeur général, retenu au Conseil d'État, exprime son regret de ne pouvoir prendre, dès le premier jour, la direction des débats de la Conférence.

Il est donné lecture du procès-verbal de la séance précédente, qui est adopté sans modification.

La discussion est ouverte sur l'ensemble des résolutions proposées par la 2ᵉ section. A cet effet, la parole est donnée à M. Magne, président de cette section, pour lire les avis motivés développant ces propositions.

I. *Avis motivé sur la nécessité d'un bureau central unique dans les réseaux de province et sur l'emplacement de ce bureau.*

M. le Président fait remarquer que l'installation du poste téléphonique sera une excellente occasion de déplacer les bureaux télégraphiques qui seraient placés dans une situation excentrique.

L'avis, ainsi commenté, est adopté.

II. *Avis motivé sur l'installation intérieure des postes centraux téléphoniques.*

L'avis est adopté sans discussion.

III. *Avis motivé sur l'organisation du service téléphonique dans Paris.*

M. le Président fait remarquer que cet avis conclut à une série de résolutions qui pourraient avec avantage être discutées séparément. Il propose donc la division et met en débat le premier point : « Qu'il n'y a pas lieu, pour le moment, de poursuivre à Paris la création d'un bureau central unique. »

M. Jacot ne voit pas de difficulté à amener dans un local unique, s'il est suffisamment vaste, les fils de tous les abonnés de Paris; et, en conséquence, il préférerait un poste central unique, dont tout le monde reconnaît les avantages.

M. Darcq répond que les prévisions doivent être établies, non pas en vue de 6,5oo abonnés, mais d'un nombre beaucoup plus grand; et que, d'ailleurs, la difficulté ne consiste pas à amener des fils, mais bien à avoir des appareils capables de bien desservir ces fils. On n'a point encore d'exemple du fonctionnement de postes aussi considérables que serait celui de Paris.

M. Magne parle dans le même sens, et fait observer que la section a fort bien compris les avantages du bureau central unique, puisqu'elle l'a proposé pour la province; et que, si elle ne le fait pas pour Paris, c'est qu'elle juge les difficultés d'exécution trop considérables pour le moment.

M. Raymond craint que la rédaction de l'avis ne soit un peu absolue dans ses termes, et qu'en consacrant en principe l'existence des succursales, lesquelles ne devraient être considérées que comme des expédients temporaires, elle ne coupe court aux recherches entreprises en vue de réaliser un poste central unique. Il propose donc une modification à la rédaction de l'avis.

M. Magne répond que la Section n'a jamais entendu engager l'avenir, mais seulement tenir compte des difficultés présentes.

M. Boussac propose de voter sur la rédaction de M. Raymond.

M. Pomey demande le maintien de la rédaction de la Section : ce texte suppose l'établissement de deux taxes, ce qui n'aurait plus de raison d'être dans le cas d'un bureau central unique, pour lequel le prix d'abonnement devra forcément être très élevé.

M. Darcq précise les idées qui ont inspiré l'avis motivé présenté par la Section. Aussi bien par la nécessité de tenir compte de l'état de choses existant dans Paris, que par celle d'avoir, dans la banlieue de Paris, des bureaux-succursales, la Section a considéré que le maintien de bureaux secondaires était inévitable pour le moment. Dès lors, il lui a paru qu'on pourrait maintenir en principe ces bureaux et les utiliser pour la création d'un réseau à communications indirectes, que l'on développperait suivant les besoins. Dans cette hypothèse, le bureau central n'aurait plus à desservir que les lignes à communications directes, pour lesquelles un abonnement plus élevé pourrait être perçu. Au contraire, l'amendement de M. Raymond présente l'organisation à bureau unique comme un desideratum, difficile à atteindre pour l'instant, mais que l'on doit se proposer de réaliser dès qu'on en aura les moyens; cela est tout différent.

MM. Magne, Amiot, Boussac font observer que les bureaux auxiliaires de banlieue visés par M. Darcq dans ses explications doivent être mis hors de cause, la question traitée en ce moment étant celle du réseau de Paris seulement.

M. le Président propose de mettre aux voix la rédaction modifiée de M. Raymond, dont M. Darcq vient de préciser le sens.

La rédaction de M. Raymond est adoptée dans les termes suivants : « Qu'il n'est pas possible, en l'état actuel, de centraliser dans un seul bureau le service du réseau urbain de Paris, mais qu'il convient de poursuivre les études ayant pour but de simplifier l'organisation et le service de ce réseau. »

Il est passé à l'examen du deuxième paragraphe : « Sur l'organisation des succursales. »

M. Darcq explique comment il entendrait l'organisation du réseau des succursales, lesquelles seraient toutes reliées au poste central, et éventuellement, si les besoins l'exigeaient, reliées aussi deux à deux par des fils directs. Les abonnés auraient alors le choix, soit de demander un fil direct sur le poste central avec abonnement à plein tarif, soit la communication par la succursale la plus proche avec abonnement à tarif réduit.

M. Wünschendorff ne veut pas que l'option puisse être donnée aux abonnés de banlieue, parce que l'établissement de nouveaux fils directs, s'il en était demandé, présenterait les plus graves difficultés.

M. Amiot serait aussi partisan de relier les abonnés de banlieue au bureau télégraphique de la localité, lequel serait lui-même en communication avec le poste central de Paris.

M. Berthot dit que, pour les abonnés qui font un usage fréquent du téléphone, la liaison au poste central, même à plein tarif, est un avantage; au contraire, toute une partie du public, qui n'en a qu'un emploi très restreint, préférerait un abonnement à prix réduit, sauf à obtenir moins rapidement ses communications.

M. Lorin demande quelle sera la situation faite aux abonnés résidant au voisinage du poste central : ils s'abonneront au tarif réduit et seront néanmoins dans la situation des abonnés directement reliés.

M. Séligmann-Lui défend le principe du double abonnement qui peut seul rendre l'emploi du téléphone accessible à toute une importante classe de clients. L'abonnement au réseau des succursales est une des formes que l'on peut adopter pour réaliser ce service à prix réduit.

M. Raymond fait observer que les abonnés au réseau des succursales, auxquels on demandera une moindre contribution, coûteront au contraire plus cher à desservir que les abonnés avec fil direct, à cause de la multiplicité des manœuvres que demandera l'établissement de la communication. Il vaudrait mieux grouper d'office les abonnés, en reliant au Central ceux qui ont un trafic actif, et aux succursales ceux qui emploient moins le téléphone. Quant à la liaison directe des succursales entre elles, elle présentera de grosses difficultés, à cause du nombre des fils d'intercommunication qui sont nécessaires pour assurer convenablement le service. De toutes façons, l'exploitation sera plus coûteuse sur les circuits de succursales.

M. Darcq répond qu'il ne s'agit pas de se lier d'une façon absolue à un système ou à un autre, mais seulement de se réserver la liberté de choisir, selon le cas, celui qui paraîtra le plus convenable. Quant à la question des frais d'exploitation, il ne faut pas perdre de vue que ce seront précisément les abonnés à faible trafic qui s'abonneront au réseau des succursales, les autres ayant tout intérêt à avoir des communications aussi promptes que possible. On ne fera, en agissant ainsi, que suivre l'exemple de ce qui a été fait en télégraphie, où les réseaux rayonnants ont dû être complétés par des transversales.

M. Magne dit que le débat semble ne pas devoir porter sur la première partie de l'avis : tout le monde, en effet, sera d'accord que, puisque la suppression des succursales est impossible pour le moment, le mieux est de les utiliser.

La première partie du paragraphe est adoptée.

Sur la deuxième partie,

M. le Président dit qu'il s'agit là d'une affaire de taxe qui n'est pas de la compétence de la Conférence, chargée uniquement d'examiner les questions techniques : il propose donc de supprimer cette partie de l'avis.

M. Séligmann-Lui demande son maintien : il ne s'agit pas là seulement d'une question de taxe, mais au contraire de l'organisation et du tracé du réseau. Suivant que les lignes auront été faites de telle ou telle manière, l'exploitation téléphonique sera ou ne sera pas susceptible d'extension.

MM. Darcq, Berthot, Amiot partagent cet avis. On veut donner au public les plus grandes facilités possibles, en lui permettant de se faire relier, à son choix et suivant ses besoins, soit au bureau central, soit aux succursales, et cela à des conditions variant suivant le service rendu. Le principe seul est en cause, la quotité des taxes sera fixée par l'Administration.

M. Berger fait remarquer que ce dernier point même est de la compétence même de la Conférence, puisqu'il figure au programme de la 3ᵉ section ; il propose donc, non de supprimer l'emploi de cette deuxième partie du paragraphe, mais d'en ajourner la discussion jusqu'au moment où la 3ᵉ section fera connaître ses conclusions.

La proposition de M. Berger est adoptée.

La troisième partie de l'avis est adoptée sans discussion.

IV. *Avis motivé sur l'organisation du service
dans les bureaux centraux.*

M. Magne fait ressortir la nécessité d'avoir, même dans les postes téléphoniques de faible importance, un agent spécialement responsable de ce service et tenu par là même d'y veiller constamment.

M. Barbarat dit que les avantages que l'on a eu en vue d'obtenir par la création de cet agent spécialisé, à fonction permanente, sont incontestables; mais il demande s'ils sont bien compatibles avec le lien de subordination que l'on veut établir entre lui et le receveur, lequel sera souvent étranger au service téléphonique.

M. Boussac répond qu'on ne peut admettre que, dans le bureau, il y ait un agent soustrait à l'autorité du receveur.

M. Amiot demande si l'autorité du receveur, qui est, dans la règle, limitée aux seuls agents opérant dans le bureau, s'étendra encore au chef du poste téléphonique, lorsque le bureau de Poste et Télégraphes et le bureau téléphonique ne seront pas dans le même local.

M. Raymond dit qu'il est naturel de procéder par assimilation avec la télégraphie et que, de même que le chef d'un centre de dépôt télégraphique, le chef d'un poste téléphonique suffisamment étendu devra être autonome. L'avis relatif au matériel des postes classe même, comme petits et moyens, les postes de moins de 5oo abonnés, comme grands ceux de plus de 5oo ; dans ces derniers, le chef de poste est un véritable chef de centre de dépôt et, comme tel, devrait être autonome. Quant à la présence d'un agent spécialisé, elle est nécessaire même dans les postes de moins de 2oo abonnés, qui seraient classés « petits », aux termes de l'avis déjà cité. M. Raymond propose donc de modifier la rédaction en mettant « même de petite ou moyenne importance ».

M. Belz estime que, dans les bureaux de petite importance, l agent spécialisé devrait être un mécanicien et non un commis.

M. Magne croit qu'un commis serait préférable, pour la facilité des rapports avec le public. De plus, le sous-agent adjoint à ce commis aura déjà une tâche assez lourde, ainsi qu'il résulte de la première partie d'un autre avis relatif aux vérifications éventuelles et périodiques de l'état des communications. M. Magne donne lecture de ce passage.

M. le Président ramène la discussion sur le premier paragraphe.

MM. Trotin et Barbarat renouvellent leurs réserves quant aux mots « relevant du receveur ».

M. Schaeffer, faisant observer que les prescriptions hiérarchiques sont de la compétence de l'Administration, croit que l'on pourrait supprimer les mots « relevant du receveur ». La Conférence évitera ainsi de prendre l'initiative d'une mesure, inévitable peut-être, mais à laquelle on peut voir quelques inconvénients.

M. Berthot propose la rédaction : « Relevant du receveur, sauf les cas où l'importance du réseau comporte un chef spécial. »

M. le Président, adoptant les vues de M. Schaeffer, propose de voter la rédaction nouvelle portant : « Qu'il est nécessaire de mettre à la tête de chaque bureau téléphonique, même de petite ou moyenne importance, un agent ayant seul des rapports avec le public et chargé, sous son entière responsabilité, du service.

M. **Belz** maintient sa demande, en ce qui concerne le remplacement du commis par un mécanicien, dans les petits bureaux.

M. **Raymond** répond qu'en parlant d'un agent spécialisé, on n'a nullement entendu que le commis chargé des téléphones ne concourrait pas au reste du service.

La rédaction modifiée est mise aux voix et adoptée.

V. *Avis motivé sur les vérifications éventuelles et périodiques de l'état des communications.*

Adopté sans discussion.

VI. *Avis motivé sur les piles d'appel et de microphone, les accumulateurs et les appels magnétiques pour bureaux centraux.*

M. **Massin** dit que les piles de Lalande et Chaperon lui ont donné de bien meilleurs résultats que les Leclanché à grande surface, qui ont dû être retirées du service; la difficulté du montage n'est rien, puisque ce montage doit être fait par un agent spécial.

M. **Magne** répond que la section a été déterminée par la difficulté du renouvellement périodique déjà admis, par celle de la conservation de l'approvisionnement, enfin par le danger de l'emploi de la potasse caustique chez les abonnés.

M. **Massin** répond que la potasse se conserve très bien; que les renouvellements seront bien moins fréquents, et que, pour éviter tout danger, il suffit de placer les éléments dans un petit bassin de fer-blanc.

M. **Guerville** appuie les dires de M. Massin : c'est chez l'abonné surtout que la pile doit être bonne.

M. **Sieur** se range à l'avis de la section. Les inconvénients des piles de Lalande lui paraissent très grands chez les abonnés, et ses avantages très minimes sur la pile Leclanché à grande surface : ce serait le contraire dans un poste central, où les Leclanché s'épuiseraient trop vite.

M. **Berger** fait observer que la 3e section a eu aussi à examiner cette même question; il propose donc d'ajourner le débat.

La proposition est adoptée.

La séance est levée à 5 heures et demie.

Séance du jeudi 25 juillet 1889.

La séance est ouverte à 3 heures, sous la présidence de M. le Directeur général des Postes et des Télégraphes.

Il est donné lecture du procès-verbal de la séance précédente, qui est adopté sans observations.

M. LE PRÉSIDENT précise en quelques mots la compétence de la Conférence.

L'ordre du jour appelle la discussion de la suite des avis motivés de la 2ᵉ section : la parole est donnée à M. Magne, président de cette Section.

VII. *Avis motivé sur les fils ou câbles intérieurs, et les câbles antiinductés.*

Sur le premier paragraphe, *fils ou câbles intérieurs*,

M. CAËL fait des objections à l'emploi des câbles à plusieurs conducteurs pour la liaison des tableaux à la tourelle, dans les réseaux à un seul fil : il craint que l'induction ne soit très forte entre les conducteurs compris dans un même câble, et que par suite les conversations échangées dans un circuit ne soient entendues sur les autres circuits empruntant le même câble. L'inconvénient serait surtout marqué avec des câbles à petit nombre de conducteurs.

M. MAGNE répond que la section a été préoccupée de ménager l'espace, et qu'à ce point de vue l'essai des câbles était naturellement indiqué, mais qu'on n'a nullement voulu introduire une prescription ; tout au contraire, on ne demande qu'à faire un essai dans des conditions restreintes, peu coûteuses, et plus concluantes qu'un simple essai de laboratoire.

Sous le bénéfice de ces restrictions, le premier paragraphe est adopté.

Sur le deuxième paragraphe, *câbles antiinductés*,

M. BABBARAT demande qu'il soit fait des essais de câbles antiinductés des modèles usités à l'étranger, en employant les fils de gros diamètre à relier les annonciateurs aux paratonnerres et à la terre.

Le paragraphe est adopté.

VIII. *Avis motivé sur le mode de jonction des réseaux urbains ou des lignes privées avec les lignes interurbaines.*

M. Belz fait observer que cette question est liée à celle de la construction des lignes et demande son ajournement.

L'ajournement est prononcé.

IX. *Avis motivé sur les câbles de terre et la mise à la terre simultanée de tous les fils en cas d'orage.*

Sur le premier paragraphe,

M. Caël ne croit pas qu'il soit toujours nécessaire d'éloigner beaucoup l'une de l'autre la terre téléphonique et la terre télégraphique.

M. Magne répond que telle était bien l'idée de la section, et que la rédaction de l'avis, si on la trouve défectueuse, pourrait être modifiée en mettant « à la distance nécessaire pour qu'il n'y ait pas d'influence d'un fil sur l'autre ».

M. Raymond demande si l'on s'est préoccupé de la composition du câble de terre, qui devra atteindre un prix fort élevé si le poste téléphonique reçoit un grand nombre de fils.

M. Magne répond que c'est là un détail ordinaire d'exécution.

M. Schaeffer recommande de sectionner l'armature du câble destiné à prendre terre, de façon à éviter qu'une continuité métallique s'établisse par l'intermédiaire de cette armature entre les portions du sol voisines du bureau, et celles où l'on compte prendre la terre téléphonique.

M. Berthot demande que l'on n'introduise pas des questions étrangères à un programme déjà fort chargé.

M. Wünschendorff ne croit pas que l'armature puisse avoir une influence fâcheuse; il cite à l'appui l'exemple d'une terre prise au bureau d'Alger, dans un sol très isolant, où les réactions des autres fils gênaient la transmission au miroir, et où un câble sans armature mené jusqu'à la mer a fait cesser toutes les perturbations.

M. Pomey recommande de prendre terre par un bout de ligne aérienne;

M. Clérac, par un fil métallique simplement recouvert d'enduit bitumineux, M. Willot, par un fil noyé dans une conduite de ciment.

M. Schaeffer insiste pour le sectionnement de l'armature.

M. Godfroy explique que le résultat obtenu par M. Wünschendorf à Alger tient précisément à la nature isolante du sol.

M. Magne, écartant l'emploi des conduites en ciment, se rallie à l'opinion de M. Wünschendorff; il accepte ainsi la disposition de M. Schaeffer.

Une rédaction nouvelle est proposée, portant que la terre sera prise, et « en prenant des dispositions pour que l'armature du câble ne puisse établir de communication entre les terres des bureaux télégraphiques, téléphoniques et autres, dispositions qui consisteraient par exemple à sectionner ou à isoler l'armature».

La nouvelle rédaction est adoptée.

Sur le deuxième paragraphe, *mise à la terre simultanée,*
L'avis est adopté sans discussion.

X. *Avis motivé sur le comptage mécanique des conversations téléphoniques.*

M. Caël considère comme peu pratique le comptage des conversations; il faudrait tout au moins stipuler un nombre minimum de conversations par an.

M. Magne répond que c'est là une autre question; la section était consultée seulement sur la possibilité matérielle d'opérer le comptage : l'application de ce procédé à la perception des taxes est absolument en dehors de la compétence de la section.

M. Raymond rappelle que l'appareil mentionné dans l'avis existe et fonctionne à l'Exposition, et que M. Mandroux en est l'auteur.

L'avis est adopté.

XI. *Avis motivé sur l'exploitation.*

M. le Président exprime le regret que ces questions aient figuré au programme, car elles ne doivent pas concerner la section; néanmoins, puisqu'elles ont été valablement examinées, il est prêt à faire voter sur l'avis : la Conférence décide de passer à l'ordre du jour.

XII. *Avis motivé sur l'organisation du service de la transmission des télégrammes par téléphone dans les bureaux centraux.*

M. Caël dit que c'est là une question d'exploitation.

MM. Magne et Raymond répondent qu'il s'agit de se prononcer sur certains points et certains résultats purement techniques, dont l'exploitation fera ensuite son profit comme elle l'entendra.

Sur la première partie,

· M. Barbarat fait observer que, même dans les localités non pourvues d'un réseau téléphonique, où se trouve quelque établissement public donnant lieu à un trafic télégraphique actif, il pourrait être avantageux de poser un fil téléphonique spécial.

M. Magne répond que c'est là une question étrangère au débat.

La première et la deuxième partie sont adoptées sans discussion.

Sur la troisième partie,

M. Pomey dit que, sans même viser la raison d'économie, l'amélioration du service constitue déjà un motif suffisant pour étendre l'usage de téléphoner les télégrammes.

MM. Frouin et Berthot font remarquer une contradiction entre le texte de la police d'abonnement et les instructions administratives en ce qui concerne la confirmation des télégrammes téléphonés.

M. Trotin demande, à titre d'amendement, que l'on introduise dans le texte de l'avis ces mots : « mais la confirmation sera donnée par la poste. »

La rédaction portant l'amendement de M. Trotin est mise aux voix et adoptée.

Sur la quatrième partie,

M. Berthot signale une anomalie qui se produit dans la transmission des télégrammes par téléphone dans certains réseaux téléphoniques comprenant des réseaux annexes.

Diverses rédactions modifiées sont proposées par MM. Magne, Massin, Amiot. M. le Président, constatant que l'on ne diffère que sur les termes à employer, propose à la Conférence de voter le fond de la question, et de charger la section d'apporter une rédaction nouvelle.

Cette proposition est acceptée, et, dans ces conditions, la quatrième partie de l'avis est mise aux voix et adoptée.

Il est ensuite donné lecture des vœux émis par la 2ᵉ section :

1° Vœu tendant à la réunion à Paris d'une collection aussi complète que possible des appareils téléphoniques les plus intéressants;

A la constitution d'une mission, pour aller étudier sur place l'organisation et le fonctionnement des services téléphoniques à l'étranger.

2° Vœu tendant à ce que le programme des questions à traiter dans les conférences qui auront lieu en 1890, soit établi et distribué plusieurs mois à l'avance.

L'ordre du jour appelle la discussion des avis motivés proposés par la 3ᵉ section. La parole est à M. Berger, président de cette Section.

I. *Sur les conditions auxquelles les appareils pourraient être mis à la disposition des abonnés.*

M. LE PRÉSIDENT fait remarquer que cet avis comprend deux parties bien distinctes, et que, si la Conférence a toute compétence pour recommander tel ou tel type d'appareil, ou pour demander l'uniformité du matériel mis en service sur un réseau, il ne saurait en revanche lui appartenir de se prononcer ni sur le mode d'achat du matériel, ni sur les procédés que l'État aura à employer pour se couvrir de ses dépenses. En conséquence, il propose de disjoindre la première et la deuxième partie de l'avis, cette dernière n'étant pas susceptible d'être soumise au vote de la Conférence.

Sur la première partie,

M. BERTHOT estime qu'adopter un type unique serait dangereux : on arrêterait le progrès dans la construction des appareils téléphoniques, et l'on s'exposerait à de graves difficultés lorsque auraient paru au dehors des types plus parfaits que le type adopté.

M. BERGER répond que les difficultés d'entretien sont très grandes lorsqu'un même réseau renferme des appareils de types variés.

M. Massin désirerait que l'on spécifiât clairement si l'entretien comprend aussi la réparation : pour certains appareils mal établis, la réparation revient presque à la fourniture d'un appareil neuf.

MM. Wünschendorff et Caël font ressortir les inconvénients de types variés dans un même réseau : non seulement l'entretien est plus difficile, mais le service même est moins bon, certains appareils se prêtant mal à correspondre les uns avec les autres.

M. Voisenat fait observer que l'avis prévoit seulement un type unique sur chaque réseau, les divers réseaux pouvant être desservis par des systèmes différents. On pourrait modifier les considérants pour faire ressortir ce point.

L'avis, ainsi modifié, est adopté.

II. *Sur les types d'appareils à acheter par l'Administration.*

M. le Président fait remarquer que cet avis soulève les mêmes objections que le précédent, et que les paragraphes 2 et 3 ne sauraient être mis en discussion par la Conférence.

Le premier paragraphe est adopté sans discussion.

Sur le quatrième paragraphe, *liste des appareils recommandés à l'attention de l'Administration.*

M. Amiot demande pourquoi l'on a exclu le Bréguet, qui lui a donné les meilleurs résultats à Calais.

MM. Massin et de la Touanne disent aussi s'être beaucoup loués à Reims et pour la téléphonie interurbaine du Bréguet modifié par M. Mandroux.

M. Caël rappelle que la liste des appareils agréés sur les réseaux de l'État remonte déjà à plusieurs années et aurait besoin d'être revisée. Il demande donc des expériences comparatives soignées.

M. Berthot ajoute que ce devrait même être un principe que de reviser périodiquement cette liste.

M. Berger fait observer que l'on s'est borné à signaler les appareils qui avaient paru les meilleurs sur la liste de l'Administration, et que lui-même propose de faire des essais.

M. Amiot propose la suppression de la liste qui termine l'avis.

M. Séligmann-Lui appuie cette proposition : la liste est incomplète, puisque l'on exclut systématiquement les appareils étrangers.

M. Mandroux propose la suppression de la liste et le renvoi de la question à une Commission spéciale qui fera des essais et des études.

La proposition de M. Mandroux est adoptée.

III. *Sur le mode de vérification des appareils.*

M. Trotin propose que la Commission chargée d'étudier les types d'appareils soit laissée libre du choix de ses méthodes.

M. Caël pense que l'usage prolongé est la meilleure de toutes les épreuves.

M. Schaeffer propose de renvoyer la question à la Commission spéciale dont on a prévu les travaux à l'occasion de l'avis précédent.

La proposition de M. Schaeffer est adoptée.

La séance est levée à 6 heures.

Séance du vendredi 26 juillet 1889.

La séance est ouverte à 3 heures, sous la présidence de M. Boussac.

Il est donné lecture du procès-verbal de la séance précédente, qui est adopté sans observations.

L'ordre du jour appelle la suite de la discussion sur les avis motivés de la 3e section : la parole est à M. Berger, président de la Section.

IV. *Sur l'essai des appareils des abonnés.*

L'avis est adopté sans discussion.

V. *Conditions d'introduction de nouveaux types.*

M. Boussac propose que la Commission chargée d'étudier les nouveaux types d'appareils soit la même qui a déjà été prévue pour procéder à la vérification du mode de construction des appareils admis.

M. Lorin croit que cette Commission ne pourra rendre de véritables services que si elle est permanente.

M. Raymond va plus loin et pense que, pour faire ces essais, il faudrait non pas une commission, mais un service spécial qui pourrait utiliser pour ses vérifications les méthodes de laboratoire nouvellement imaginées, lesquelles permettraient d'aller plus vite en besogne, et notamment permettraient d'épargner l'essai en ligne des appareils reconnus défectueux dès le principe.

M. Caël ne voit pas d'inconvénient à la création de ce service d'études, mais il ne croit pas qu'aucune expérience de laboratoire puisse tenir lieu d'un essai en ligne.

M. Raymond insiste pour que la Commission spéciale ne se borne pas à l'essai pur et simple, mais recoure à tous moyens de recherche qui pourraient être imaginés, et qu'à cet effet elle provoque au besoin la création d'un service. Il propose une rédaction modifiée en ce sens.

M. le Président dit que trois rédactions sont proposées : la sienne, qui propose le renvoi à une commission déjà visée précédemment; celle de la section, qui demande l'intervention de la Commission consultative ou d'une nouvelle commission spéciale; celle de M. Raymond, qui, à la Commission, veut adjoindre un service à créer. Il va mettre aux voix ces propositions, en commençant par la plus simple, c'est-à-dire la sienne.

La rédaction de M. Boussac est adoptée.

Le deuxième paragraphe est adopté sans discussion.

VI. *Sonneries et appareils d'appel électromagnétiques.*

M. Magne donne lecture de l'avis de la 2ᵉ section sur le même sujet, dont la discussion avait été ajournée, et développe les motifs qui ont inspiré cet avis.

Sur la première partie, *piles et appareils placés chez l'abonné,*

M. Caël dit que le nombre toujours croissant des piles d'appel à entretenir rend désirable l'essai des appels électromagnétiques; la Société des téléphones avait elle-même l'intention de faire cet essai, sur le principe duquel les deux sections sont d'accord.

Sur la deuxième partie, *piles et appareils placés au poste central.*

M. Magne développe les raisons qui ont conduit la 2ᵉ section à repousser l'essai, contrairement à ce que propose la 3ᵉ section.

M. Caël partage l'avis de M. Magne : il sera fort peu économique de tenir une dynamo en marche pour le petit nombre d'appels qui se présentent la nuit.

M. FROUIN répond que cette difficulté pourrait être levée en employant la nuit des appels à manivelle.

M. MAGNE dit qu'on ne peut songer à avoir un double matériel, l'un pour le jour, l'autre pour la nuit. De plus, le système d'appel par dynamos n'a que peu d'avantages dans un central, où il faut forcément avoir des piles, et où le nombre d'éléments nécessaires pour l'appel est en somme très restreint.

MM. CAILHO, MASSIN et CAËL appuient cet argument.

MM. RAYMOND et THÉVENIN font valoir que l'appel par magnéto à courants alternatifs aurait l'avantage de laisser la libre disposition des courants voltaïques pour toute combinaison qu'on aurait à réaliser, ainsi pour actionner des compteurs.

M. BERGER dit que l'on vient d'admettre l'essai chez les abonnés; que la 3ᵉ section a voulu faire l'épreuve complète, et que, sur les renseignements qui lui ont été fournis, elle a demandé aussi l'essai au poste central.

M. LE PRÉSIDENT explique que la Conférence a à se prononcer sur deux propositions opposées : celle de la 3ᵉ section qui demande, celui de la 2ᵉ section qui repousse l'essai de l'appel magnétique au poste central.

L'essai de l'appel magnétique au poste central, mis aux voix, est repoussé.

VII. *Piles de microphones pour abonnés.*

M. MAGNE donne lecture de l'avis de la 2ᵉ section sur le même sujet, dont la discussion avait été ajournée et concluant à l'abandon absolu de la pile de Lalande et Chaperon.

MM. MASSIN et GUERVILLE renouvellent les observations qu'ils avaient déjà présentées sur les avantages de la pile de Lalande et sur le moyen d'en écarter les dangers.

M. MAGNE répond que la Conférence s'est déjà prononcée en faveur du principe du renouvellement périodique des piles et qu'il serait très difficile de mettre cette mesure à exécution si l'on employait les piles de Lalande.

M. BELZ ne partage pas cette opinion. Les piles de Lalande lui ont donné les meilleurs résultats; elles ont une très longue durée, elles ne demandent que très peu de soins, tandis que pour les Leclanché, indépendamment du renouvellement périodique, il y aura lieu de faire de fréquentes visites pour remettre de l'eau; on aura ainsi des frais considérables.

M. Caël croit qu'il est très désirable de ne pas avoir à aller trop souvent chez l'abonné: il préférerait donc les piles de Lalande, lorsque l'appel est magnétique, les Leclanché, au contraire, si l'appel est voltaïque.

M. Raymond rappelle que pour les communications interurbaines, les piles de Lalande ont donné des résultats très supérieurs à ceux des Leclanché à grande surface. Quant au principe du renouvellement périodique, on ne saurait en faire un argument, car ce principe ne peut être appliqué indépendamment du type de pile choisi.

M. Magne dit que le cas des communications interurbaines a été expressément réservé.

M. Amiot répond qu'on ne peut avoir un matériel pour les communications urbaines et un autre pour les communications à longue distance.

M. Massin rappelle qu'à Reims la même pile, formée d'éléments de Lalande, sert pour les conversations avec la ville ou avec Paris.

Le maintien des piles de Lalande pour microphones chez les abonnés est mis aux voix et adopté.

L'avis de la 3ᵉ section, sous réserve de l'opinion trop accentuée émise sur les dangers des piles de Lalande, est adopté.

VIII. *Sur les paratonnerres.*

M. Belz fait remarquer que la 1ʳᵉ section a dû s'occuper de la question.

L'ajournement est prononcé.

IX. *Établissement de plusieurs abonnés sur le même fil.*

L'avis est adopté sans discussion.

X. *Entretien périodique des piles, des appareils, réfection des piles au poste central.*

Des conclusions conformes à celles de la 3ᵉ section ayant déjà été votées, il n'y a pas lieu de voter cet avis.

XI. *Formule pour abonnement.*
(*Examen au point de vue technique.*)

M. Berger explique sur quoi a porté l'examen de la Section; il croit toutefois que la question rentre dans le domaine de l'Exploitation et échappe, par conséquent, à la compétence de la Conférence.

M. Raymond croit qu'il y aurait eu certains points purement techniques qu'il eût appartenu à la Conférence d'élucider.

Il est décidé qu'on ne passera pas à la discussion de cet avis.

XII. *Règles à donner aux abonnés.*

Adopté sans discussion.

XIII. *Nomenclature des abonnés.*

M. Berger estime que c'est là une question d'exploitation qu'il n'y a pas lieu de discuter.

M. Séligmann-Lui croit, au contraire, qu'il y a là en jeu une question technique des plus graves; suivant le mode de nomenclature adopté, tels ou tels appareils deviennent d'un emploi impossible; de plus, l'agencement intérieur des bureaux dépend du système de nomenclature.

M. Berthot constate qu'en effet, au delà de 3oo abonnés, il devient impossible de désigner les abonnés par leur nom et qu'il faut recourir à l'appel par numéro.

M. Caël ne voit pas l'objet de la distinction posée par M. Séligmann-Lui; il a toujours eu recours, sur le réseau de Paris, à l'appel par le nom du correspondant demandé.

M. Sibur explique le système de nomenclature de la Société des téléphones.

M. Berthot préfère l'appel au numéro.

M. Frouin dit que ce système est le seul possible avec les multiples.

M. de la Touanne parle dans le même sens.

M. Séligmann-Lui explique la portée de sa question en ce qui concerne les systèmes de stations automatiques.

M. Boussac propose le renvoi de la question à la Section.

M. Berger fait observer qu'étant donné le sens de l'observation, c'est la 2ᵉ section, qui a eu à examiner ce qui concerne les bureaux centraux, qui doit être saisie.

M. Berthot propose d'écarter la question.

M. Boussac répond que le soin de déterminer la section compétente revient au bureau; il consulte la Conférence sur le fond, c'est-à-dire sur le renvoi à la Section.

Le renvoi à la Section est prononcé.

XIV. *Sur les cabines publiques.*

Des divers points traités dans l'avis présenté, il n'est retenu que ce qui se rapporte à la construction et à l'aménagement des cabines, tous les autres étant d'exploitation.

L'avis, ainsi limité, est adopté.

XV. *Sur les cabines placées dans les établissements publics.*

Il n'est retenu que le troisième paragraphe, relatif à l'emploi de compteurs automatiques.

L'avis, réduit, est adopté.

XVI. *Sur les cabines placées dans des établissements privés.*

La question est écartée.

XVII. *Sur les cabines automatiques.*

L'avis est adopté sans discussion.

M. Berger fait connaître que la 3ᵉ section a émis des vœux identiques, en substance, à ceux qui ont déjà été formulés au nom de la 2ᵉ section.

M. le Président répond qu'il transmettra l'expression de ces vœux à M. le Directeur général.

La séance est levée à 5 heures et demie.

Séance du samedi 27 juillet 1889.

La séance est ouverte à 3 heures, sous la présidence de M. le Directeur général des Postes et des Télégraphes.

Le procès-verbal de la séance précédente est adopté sans observations.

L'ordre du jour appelle la discussion des avis motivés présentés par la première section.

La parole est à M. Belz, président de cette Section.

I. *Appuis en fer.*

L'avis est adopté sans discussion.

II. *Appuis en bois.*

M. Frouin donne connaissance de certains chiffres, desquels il résulterait que, même en attribuant aux appuis en fer une durée de trente ans et aux appuis en bois une durée de dix ans, ces derniers seraient encore plus économiques.

M. Schaeffer conteste l'exactitude de ces chiffres, qui ont été établis d'après l'examen de réseaux presque neufs. Les frais d'entretien seront bien plus élevés dès que les appuis de bois auront cinq ou six ans de durée.

M. Massin trouve qu'on ne saurait tirer grande conclusion des calculs de M. Frouin, établis sur le prix d'ensemble du réseau ; tous les appuis n'interviennent guère que pour 1/10 dans la dépense.

M. Belz ajoute que le travail de la Section a été fait sur des chiffres fournis par M. Berthot ; que l'avantage, invoqué, d'un plus grand écartement des fils n'a guère de valeur, puisqu'il suffit d'un écartement moindre.

M. Schaeffer dit que le véritable terme de comparaison pourrait être trouvé dans les potelets qui se trouvent à peu près dans les conditions des appuis téléphoniques ; or les potelets de fer se sont montrés nettement supérieurs.

M. Caël dit qu'en construisant un réseau, on doit avoir égard plus encore à sa durée qu'à son prix de revient immédiat, car rien n'est onéreux, et en même temps rien ne cause de difficultés avec les propriétaires comme d'avoir de fréquents travaux de réfection. Il faut aussi tenir compte de l'aspect disgracieux des appuis en bois.

M. Berthot fait valoir que les appuis en bois peuvent être placés sur les toitures au moyen de selles sans scellements dans les murailles, ni prises d'appui sur les charpentes. Les frais d'entretien ne seront pas moindres pour le fer, qu'il faudra repeindre tous les deux ans; et les déplacements de traverses s'effectuent sur le bois avec la plus grande facilité.

M. le Président demande si l'on a fait le calcul des frais d'établissement, pour un cas donné, dans l'un et l'autre système.

MM. Belz, Caël, Boussac répondent que le fer est sûrement plus cher au début, mais que sa durée est supérieure.

M. Frouin dit que les durées admises par la Section ont été de douze ans pour le bois et de vingt ans pour le fer; et qu'en prenant dix ans pour le bois et trente ans pour le fer, la comparaison tourne encore en faveur du bois.

M. Darcq dit que c'est surtout une question de durée; et qu'en ce sens l'expérience faite en France pour les poteaux de ligne a été peu favorable au fer, et qu'une partie au moins des causes de destruction se retrouvera pour les appuis téléphoniques. Le bois dure seize ans sur les lignes.

M. Barbarat répond que le cas n'est pas le même, les facilités d'entretien étant bien plus grandes en ville; le système de selle préconisé par M. Berthot pourrait d'ailleurs s'appliquer aussi bien avec des montants en fer.

M. Massin ajoute que les transformations ne sont pas moins aisées sur les appuis en fer que sur ceux de bois.

M. Belz rappelle que la Section a été à peu près unanime et que la statistique de M. Frouin porte sur trop peu de temps pour être concluante.

M. Raymond explique que le prix élevé auquel la statistique fait ressortir le réseau en fer d'Elbeuf tient à des difficultés particulières résultant du mode de construction des maisons dans la région.

M. Berthot dit que le réseau en bois exige une moindre dépense de premier établissement; les dérivations y sont aussi moins dangereuses.

M. le Président demande si l'écart de trente centimètres sera encore suffisant pour les fils reliés à des lignes interurbaines.

M. Berger fait observer qu'en écartant davantage les fils, on se donne la faculté de faire des portées plus longues sans risque de mélanges.

M. de la Touanne répond qu'à Bruxelles, sur herses en fer et à écartement de 25 centimètres, on a des portées de plus de 200 mètres sans mélanges.

M. Schaeffer revient sur la comparaison des potelets de bois et des potelets de fer, toute à l'avantage de ces derniers.

M. Boussac dit qu'en effet le fer se montre très supérieur dans les villes.

M. Pomey cite un cas de très grande stabilité de herses en fer, dans lequel les herses de bois auraient sans doute causé de grands dégâts.

M. Amiot demande la suppression du mot *absolument* du texte de l'avis de la Section.

M. Belz défend le texte proposé.

L'amendement de M. Amiot est repoussé.

Le texte de la Section est adopté.

Il est donné lecture d'un vœu tendant à l'établissement d'un album de croquis pour appuis en fer.

M. le Président déclare qu'il hâtera autant que possible l'exécution de cet album.

III. *Tourelles.*

M. Berthot fait une observation sur le texte de l'avis, quant à l'emplacement du caniveau qui, dans les tourelles, amène les câbles de raccordement.

M. Frouin indique une autre disposition pour ce caniveau.

M. le Président demande si dans le choix du type de tourelles, il n'y a pas lieu de tenir compte de la plus ou moins grande durée des baux, lorsqu'il s'agit de s'établir sur des locaux n'appartenant pas à l'État.

M. Caël explique qu'en cas de remaniement de réseau, les frais de reconstruction des tourelles n'entreront que pour une très faible proportion dans la dépense ; les frais de substruction, qui sont forcément perdus, sont plus grands d'habitude que ceux de la tourelle même ; mais ce seront les déplacements de fils qui coûteront le plus.

M. Berthot croit qu'il y a un écart allant de 1 à 7 entre les frais d'établissement d'une tourelle provisoire en bois et d'une tourelle en fer.

M. Raymond répond qu'en cas de démolition, les matériaux d'une tourelle en fer peuvent être utilisés à nouveau.

M. Caël demande que l'avis de la Section soit modifié dans un sens plus nettement favorable à l'emploi des tourelles en fer, et que le libellé en soit analogue à celui qui a été adopté pour les appuis en fer.

M. Belz dit qu'on avait voulu rester dans des termes généraux.

L'amendement de M. Caël est adopté.

Tourelles annexes.

M. Caël dit que les câbles aériens essayés jusqu'à ce jour ont donné des résultats médiocres, mais que la question est importante.

M. Clérac, dans ces conditions, préférerait un raccord souterrain.

M. Raymond établit que si les câbles aériens ne sont pas très durables, et s'ils doivent renfermer un grand nombre de conducteurs, la ligne souterraine sera plus économique.

M. Darcq répond qu'il en serait ainsi, en effet, si l'on devait poser tout de suite tous les fils de la ligne en câble aérien, mais que l'avantage de ce système est précisément de permettre de procéder graduellement et suivant les besoins.

L'avis est adopté.

IV. *Conditions générales d'établissement. — Nombre des directions.*

L'avis est adopté sans discussion.

Fils de réserve.

L'avis est adopté sans discussion.

Nature du fil.

M. Caël est d'accord avec la Section pour considérer comme insuffisante la conductibilité électrique du fil de bronze de $11/10$ du modèle actuel.

M. Sieur croit savoir que des progrès récents réalisés dans la fabrication des fils permettront de trouver dans le commerce des bronzes à 64 p. 100 du cuivre pur et résistant à 75 kilogrammes, peut-être mieux encore.

M. Belz croit que la Section a entendu, non pas spécifier l'emploi d'un type de fil spécial, mais seulement demander l'amélioration du matériel actuel.

M. Boussac fait remarquer que du fil de 15/10 doublera presque la charge des appuis.

M. Amiot insiste, au point de vue des communications interurbaines, sur l'amélioration du fil actuel : peut-être 15/10 ne serait-il pas assez.

M. Barbarat voudrait que l'on commençât par s'entendre sur la conductibilité kilométrique désirable.

M. Caël propose de modifier le texte de l'avis, en ajoutant ces mots : « En bénéficiant le plus possible des progrès de l'industrie pour combiner au mieux la résistance électrique et la ténacité. »

La rédaction de M. Caël est adoptée.

Le deuxième paragraphe est supprimé.

Isolateurs.

L'avis est adopté sans discussion.

Croisements.

L'avis est adopté sans discussion.

Arrêt des fils.

L'avis est adopté sans discussion.

Sourdines.

Après quelques détails donnés par différents membres de la Conférence sur les résultats fournis par les types de sourdines, l'avis est adopté sans discussion.

Durée probable des diverses parties de la ligne.

La première partie de l'avis est supprimée, la seconde est adoptée sans discussion.

Paratonnerres.

Il est donné lecture par M. Berger de l'avis de la 3ᵉ section sur le même sujet. La première partie de l'avis est adoptée.

Sur la seconde partie, M. Trotin fait des réserves quant à l'emploi des paratonnerres à papier découpé.

M. de la Touanne fait connaître un ancien modèle à lame d'air simple.

L'avis de la 3e section, moins affirmatif que celui de la 1re, est adopté.

Rosaces.

L'avis est adopté sans discussion.

Équipes.

L'avis est adopté sans discussion.

Il est donné lecture d'un vœu tendant à ce que l'Administration assure contre les accidents les ouvriers, même temporaires, qu'elle occupe aux travaux sur les toitures.

Fil double.

M. Belz développe des conclusions contraires à celles de la Section, en se basant principalement sur des considérations d'économie et d'emplacement disponible.

M. de la Touanne répond que l'expérience générale condamne le système à simple fil; il cite l'avis de M. Preece, ainsi que l'exemple du réseau de New-York.

M. Caël, M. Frouin, M. Schaeffer confirment les mauvais résultats du système à simple fil.

M. Massin croit que l'on peut toujours obtenir une bonne terre sur les conduites d'eau.

M. Barbarat ne partage pas cet avis.

M. Vaschy fait remarquer que les circuits à simple fil sont absolument impraticables dans le voisinage des fils de lumière.

M. Bouchard dit que, dans bien des cas, le réseau urbain n'est demandé qu'en vue de la communication interurbaine, et que, pour ce dernier cas, le double fil est bien préférable.

MM. Belz et Durègne font observer que l'addition d'un second fil dans les réseaux à fil unique entraînerait de lourdes dépenses.

M. Amiot répond que l'on discute en ce moment ce qu'il convient de faire sur les réseaux à construire par la suite.

M. **le Président** dit qu'il voit trois systèmes en présence : l'emploi exclusif du double fil, l'emploi du double fil limité à la communication interurbaine, l'emploi du double fil exceptionnel et facultatif.

M. **Berthot** cite en faveur du simple fil l'exemple des réseaux du Nord.

M. **Séligmann-Lui** ne croit pas que la considération de dépenses doive arrêter, quand tout le monde est d'accord au point de vue technique.

M. **de la Touanne** explique les inconvénients de l'emploi des transformateurs, et la nécessité du double fil pour la communication interurbaine.

M. **Belz** précise le sens que la Section a donné à son avis.

M. **Raymond** développe les inconvénients qu'il y aurait à établir à simple fil des réseaux neufs et à les amener ensuite et graduellement au double fil.

M. **le Président** lit deux amendements et les discute; il montre que l'on pourrait commencer par se prononcer sur le principe même du double fil : si l'emploi général du double fil n'est pas prononcé, on examinera ensuite en quels cas spéciaux on y doit recourir.

M. **le Président** met aux voix une première question : *Les réseaux neufs doivent-ils toujours être construits à double fil ?*

La Conférence se prononce pour l'affirmative.

L'avis de la commission est modifié ainsi qu'il suit : « Les réseaux nouveaux devront toujours être construits à double fil. »

M. **le Président** fait remarquer que la question financière qu'engagerait le vote de la Conférence demeure naturellement réservée.

La séance est levée à 6 heures.

Séance du lundi 29 juillet 1889.

La séance est ouverte à 3 heures, sous la présidence de M. Boussac.

Le procès-verbal de la séance précédente est lu et adopté sans modifications.

L'ordre du jour appelle la suite de la discussion sur les avis motivés de la 1ʳᵉ section : la parole est à M. Belz, président de cette Section.

V. *Lignes souterraines.*

Sur le premier avis, portant demande de remplacement du câble actuel à 14 conducteurs, modèle de la Compagnie des Téléphones ou de Paris, par un câble à revêtement de gutta plus épais, modèle de l'Administration.

M. CAËL déclare faire toutes réserves à raison du prix plus élevé et du diamètre plus considérable du câble proposé, dont il n'a d'ailleurs jamais fait usage dans son service.

M. LAFAURIE explique qu'en effet le câble dont il est question dans l'avis a été créé par l'Administration en vue de services autres que celui de Paris.

M. ESTAUNIÉ demande pourquoi l'on se borne à 14 conducteurs, et pourquoi l'on ne fait pas aussi usage de câbles plus compacts, tels que le Felten et Guillaume à 50 fils par exemple.

M. CAËL répond que les difficultés de déroulement et de pose sont d'autant plus grandes que le câble est d'un type plus fort : il renouvelle donc ses réserves.

L'opinion paraissant incertaine sur la nature du câble proposé, l'avis est renvoyé à la Section.

Le deuxième paragraphe, tendant à une modification de ce type du câble, est de même renvoyé à la Section.

Sur le troisième paragraphe, modification du câble à 2 conducteurs, MM. JACOT, CAËL et JACQUIN expliquent que le modèle actuel est trop faible pour résister à des poses et déposes répétées.

Le paragraphe est adopté.

Moyens de combattre la capacité et l'induction.

M. AMIOT dit que les conclusions de la 4ᵉ section, qui a dû s'occuper du même sujet, sont conformes à celles de la 1ʳᵉ.

M. SIEUR voudrait que les abonnés eussent la faculté de demander, s'ils le jugent convenable, une ligne en câble Fortin Hermann.

M. CAËL répond qu'ils auront alors, non une ligne d'abonné ordinaire, mais une ligne d'intérêt privé, pour laquelle ils peuvent demander ce qu'ils veulent.

M. Sieur demande au moins la suppression du mot «grande»
dans le texte de l'avis.

L'amendement de M. Sieur est repoussé.

Le texte de la Section est adopté.

VI. *Câbles de lumière et transport de force.*

L'avis est adopté sans discussion.

VII. *Équipes et surveillance.*

L'avis est adopté sans discussion.

Vœu. — Il est donné lecture d'un vœu ayant pour objet d'étendre
aux travaux sous tunnel le bénéfice de l'arrêté du 26 février 1882.

Le vœu est adopté sans discussion.

VIII. *Raccordement des lignes souterraines et aériennes.*

L'avis est adopté sans discussion.

IX. *Lignes en tranchée.*

M. Jacot explique son système de lignes en caniveaux.

M. Belz développe les raisons pour lesquelles la Section a préféré les systèmes à tirage.

M. Massin cite un cas qu'il a observé à Besançon, et duquel il
résulte que, dans les conduites ayant un diamètre suffisant, l'introduction des câbles supplémentaires, ou leur retrait, se fait avec la
plus grande facilité et sans aucun risque.

M. Barbarat fait observer que le principal avantage des systèmes
où l'on peut introduire des câbles nouveaux à mesure des besoins,
est d'éviter la mise de fonds et l'amortissement considérables auxquels on est astreint dans les systèmes à dépôt.

M. Jacquin craint que le poids, M. Jacot que les coudes ne permettent pas de généraliser la pratique de tirages, tels que ceux qui
sont décrits par M. Massin.

M. Belz répond que l'objection tirée des coudes ne peut plus
s'appliquer, depuis que l'on fait usage de chambres de raccord analogues à celles qui ont servi pour les grandes lignes souterraines.

M. Massin ajoute que l'on peut parfaitement tirer par grandes
longueurs; que le poids peut être très réduit, parce que l'enveloppe

de plomb n'est pas utile, et qu'en tirant les câbles un à un, par bouts de 400 mètres, et en démanchonnant près des coudes, on n'aura aucune difficulté.

M. Caël demande que si les câbles ne sont pas mis sous plomb, ils soient tout au moins revêtus d'une solide garniture, de tresse par exemple. Il demande que l'avis fasse mention de ce détail.

M. Jacot fait observer que l'enveloppe de plomb servirait aussi de protection contre l'eau.

L'avis de la Section, modifié dans le sens demandé par M. Caël, est libellé comme il suit : « Toutefois il est entendu que le câble à 14 conducteurs qui serait employé pour cet usage, serait recouvert d'une enveloppe d'une ténacité suffisante pour résister au tirage. »

L'avis, ainsi modifié, est adopté.

X. Comparaison des divers systèmes.

Sur le premier paragraphe, utilisation des égouts dans les villes qui en sont pourvues,

M. Berger ne voit pas la nécessité de se mettre en ligne souterraine dans de petites villes où l'on pourrait rester en fil aérien.

M. Belz maintient les conclusions de la Section. Il est appuyé par M. Caël, qui voit dans les lignes aériennes une grosse sujétion pour les propriétaires.

M. Darcq fait observer que, d'ailleurs, le nombre des cas où le paragraphe trouverait son application, sera très restreint.

M. Boussac croit qu'il est important, quelle qu'en soit l'application, de poser ce principe que l'on ne fait les lignes téléphoniques aériennes que faute de pouvoir les faire souterraines.

M. Berthot regrette cette disposition : il serait préférable, en l'état de nos connaissances, d'engager le moins de frais possible.

M. Berger croit qu'on devrait, au contraire, s'efforcer de diminuer le nombre des fils souterrains, car ils ne valent pas les fils aériens.

M. Belz répond que les fils souterrains ne peuvent avoir d'inconvénients que s'ils ont une certaine longueur, c'est-à-dire dans les grandes villes, où leur emploi est obligé.

Le paragraphe est mis aux voix et adopté.

Les deuxième, troisième et quatrième paragraphes sont adoptés sans discussion.

Sur le cinquième paragraphe, M. Belz voudrait substituer au texte de l'avis une rédaction plus impérative, et faire de l'emploi des câbles aériens une mesure obligatoire, aussitôt qu'on sera en possession d'un bon modèle.

M. Massin répond que si le nombre des fils à raccorder est considérable, une ligne en tuyaux vaudra mieux qu'un grand nombre de câbles aériens.

Le paragraphe est adopté sans modification.

L'ordre du jour appelle la discussion des avis motivés de la 5ᵉ section.

La parole est à M. Lorin, président de la Section.

I. *Durée des poteaux en bois.*

M. Belz fait des réserves au sujet de l'emploi de la main-d'œuvre civile en Algérie.

M. Rheins croit que, dans les conditions actuelles, la main-d'œuvre militaire serait moins avantageuse.

M. Lagarde explique que le peu de durée de certains poteaux tient à ce qu'on les plante presque aussitôt après l'injection; l'injection elle-même est plutôt mieux faite qu'autrefois.

M. Lafaurie répond qu'en somme, la durée des poteaux est très satisfaisante, et que des mesures ont déjà été prises pour empêcher l'emploi de poteaux trop fraîchement injectés.

M. le Président propose la suppression du premier paragraphe.

Le premier paragraphe est supprimé.

Le deuxième et le troisième sont adoptés, et le vœu tendant à faire opérer en Algérie la préparation des bois par les agents de l'Administration est adopté.

II. *Appuis métalliques.*

L'avis est adopté sans débat.

III. *Potelets métalliques et potelets en bois.*

L'avis est adopté sans discussion.

Un mémoire de M. Schaeffer sur la question est remis sur le bureau de la Conférence.

IV. *Emploi du cuivre ou du fer pour les conducteurs électriques.*

L'avis est adopté sans discussion.

V. *Tension des fils de cuivre.*

L'avis est adopté sans discussion.

Un mémoire de M. BARBARAT sur la question est déposé sur le bureau de la Conférence.

VI. *Télégraphie et téléphonie simultanées.*

La discussion est ajournée jusqu'à lecture des avis de la quatrième section.

VII. *Établissement et armement des poteaux en courbe.*

L'avis est adopté sans débat.

Deux mémoires de MM. BARBARAT et SCHAEFFER sont déposés sur le bureau de la Conférence.

IX. *Remplacement des lignes aériennes par des lignes souterraines pour la traversée des villes.*

M. MASSIN croit que souvent on pourra obtenir les mêmes avantages à moins de frais, en faisant sur les toitures une ligne aérienne en fils de bronze.

M. DARC signale l'avantage d'une communication téléphonique établie entre les guérites de coupure et le bureau télégraphique.

M. BELZ croit que les lignes aériennes sur potelets sont praticables jusqu'à concurrence de 40 fils.

M. GUERVILLE demande que les fils télégraphiques affectés à la téléphonie soient exclus de la mesure proposée.

M. RAYMOND signale la nécessité de faire un aménagement des réseaux, de façon que des fils de destinations différentes ne soient pas rapprochés. D'habitude on réserve à la téléphonie les lignes sur les toitures.

M. BELZ propose un amendement portant que la traversée des villes continuera de se faire en ligne aérienne sur potelets tant qu'il n'y aura pas plus de 40 fils,

M. Raymond répond que l'objet que l'on a en vue, est de pouvoir faire des coupures au poste même. Si l'on peut y parvenir au moyen d'une ligne aérienne qui ne soit pas trop chargée, il y a certainement avantage.

M. Lorin présente une rédaction modifiée dans les termes suivants : « Est d'avis : 1° d'amener jusqu'au bureau les fils principaux qui passent à proximité d'une ville ; 2° de recourir de préférence à l'établissement de lignes souterraines pour relier les bureaux désignés comme postes de coupure. »

X. *Types de paratonnerres à placer dans les guérites.*

L'avis est adopté sans discussion.

XI. *Emploi de terres distinctes pour les fils aériens et souterrains.*

L'avis est adopté sans discussion.

XII. *Méthodes actuelles d'établissement des lignes souterraines.*

L'avis est adopté sans discussion.

XIII. *Raccordement des lignes aériennes et souterraines.*

Sur la proposition de M. le Président, il est ajouté à cet avis une phrase relative à l'utilité d'une communication téléphonique, visée plus haut.

L'avis complété est adopté sans discussion.

XIV. *Exécution des élagages le long des voies ferrées.*

L'avis est retiré, la question n'étant pas du ressort de la Conférence.

XV. *Emploi du téléphone pour le service rural.*

Le premier et le deuxième paragraphe sont adoptés sans discussion.

Sur le troisième paragraphe, M. Caël déclare qu'il ne voit pas l'utilité de séparer le réseau téléphonique rural du réseau télégraphique, si on n'a pas l'intention de faire un service téléphonique ouvert au public.

M. Lorin répond que la Section avait considéré cette dernière hypothèse comme tout à fait admissible, mais qu'on avait voulu, par l'insertion de cette clause, éviter pour ce service l'emploi de fils courant sur appuis communs à de grandes lignes, le long des chemins de fer. Il n'y aura aucun inconvénient à être sur poteaux communs avec des lignes de petite importance : pour préciser ce point, on pourrait ajouter au texte de l'avis le mot « principal ».

L'avis, ainsi complété, est adopté.

Un mémoire de M. BARBARAT sur la question est déposé sur le bureau de la Conférence.

XVI. *Fournitures d'appareils.*

M. LAGARDE explique que c'est l'Administration même qui a poussé les constructeurs dans la voie du travail à bon marché.

M. RAYMOND croit que la question est d'ordre administratif et que l'avis devrait être retiré.

M. THÉVENIN pense qu'on pourrait se borner à donner un avis sur la qualité des matériaux employés par les fournisseurs.

M. MANDROUX croit que le bas prix des appareils tient, non pas à une exécution moins soignée, mais au nombre des objets commandés.

M. DECAMPS estime au contraire que les métaux ne sont plus préparés avec le même soin que par le passé.

M. TONGAS dit que souvent les fournisseurs achètent les pièces au dehors et n'en font que le montage : on ne pourrait donc vérifier la qualité des matières qu'ils emploient.

M. BARBARAT fait observer qu'on a simplement voulu attirer l'attention de l'Administration sur la qualité défectueuse des appareils fournis.

M. BOUSSAC dit que la loi sur les marchés publics faisant une exception formelle pour les appareils de précision, la Conférence est tout à fait compétente pour traiter les questions soulevées par la Section.

M. PELLETIER demande, du moment qu'il en est ainsi, que l'on vote sur la proposition faite de renoncer au système des adjudications.

M. BERGER rappelle qu'une question analogue avait été soulevée au sujet des appareils téléphoniques, et que la Conférence en a été dessaisie.

L'avis est mis aux voix et adopté.

La séance est levée à 6 heures.

* * *

Séance du mardi 30 juillet 1889.

La séance est ouverte à 3 heures 10 minutes.

L'ordre du jour appelle la suite de la discussion des avis motivés de la 5ᵉ section.

Les avis relatifs à l'entretien du matériel et aux piles sont adoptés après un court échange d'observations.

L'avis relatif à l'organisation du service dans les centres de dépôt est écarté comme touchant à l'Exploitation.

Les avis relatifs à l'emploi d'accumulateurs ou de dynamos, et aux procédés susceptibles d'accroître le rendement des lignes souterraines, sont adoptés.

L'ordre du jour appelle la discussion des avis de la 4ᵉ section.

Les avis relatifs aux isolateurs et au nombre des fils sont adoptés. Sur la nature du fil, la première partie est adoptée, la deuxième supprimée.

Les avis sur le diamètre à donner aux fils et sur les moyens d'atténuer les diverses influences qui contrarient la transmission téléphonique sont adoptés.

Sur l'utilisation simultanée d'un circuit pour la télégraphie et la téléphonie, la 4ᵉ et la 5ᵉ section concluent à des essais dont elles indiquent le sens, sans entrer dans les détails. Adopté.

Les avis sur les appels phoniques, sur le choix et la vérification des appareils, sur les annonciateurs de fin de conversation, les bureaux centraux, sur la jonction des lignes, sont adoptés.

Il est donné connaissance de certains renseignements statistiques sur le trafic des principales lignes internationales.

L'ordre du jour étant épuisé, M. LE PRÉSIDENT donne lecture d'une lettre par laquelle M. le Directeur général adresse ses remerciements aux Ingénieurs réunis à la Conférence, et exprime l'espoir qu'il a de voir leurs travaux porter d'utiles résultats.

La séance est suspendue à 6 heures 15 minutes pour la rédaction du procès-verbal.

La séance est reprise à 6 heures 30 minutes.

Le Secrétaire donne lecture du procès-verbal de la séance précédente, qui est adopté sans observations.

Le Président déclare la Conférence close.

La séance est levée à 6 heures 45 minutes.

AVIS DES SECTIONS.

1re SECTION.

CONSTRUCTION ET ENTRETIEN
DES RÉSEAUX TÉLÉPHONIQUES URBAINS.

LIGNES AÉRIENNES.

APPUIS EN FER.

Après examen des divers modèles d'appuis en fer (herse proprement dite, appui multiple et appui simple) :

Considérant que chacun des systèmes présente des avantages et des inconvénients,

La Section ne juge pas à propos de marquer une préférence, et elle croit devoir laisser toute initiative à l'Ingénieur dans le choix des types à adopter, en lui recommandant toutefois, autant que possible, l'emploi du matériel de l'Administration.

APPUIS EN BOIS.

Considérant la durée problématique des appuis en bois,

La Section recommande absolument l'usage des appuis en fer, et admet néanmoins l'emploi du bois pour certains cas spéciaux.

Vœu. — La Section émet un vœu unanimement favorable à la création d'albums de dessins et de croquis cotés des différents types d'appuis téléphoniques avec leurs détails. Ces albums seraient mis à la disposition de chaque fonctionnaire technique intéressé à les posséder.

TOURELLES.

Comme pour les appuis, la Section n'a pas cru devoir préconiser tel ou tel système de tourelle, mais elle a voulu laisser toute latitude aux Ingénieurs; toutefois elle recommande absolument l'emploi des tourelles en fer, et croit que l'usage du bois doit être réservé pour quelques cas spéciaux.

Vœu. — Considérant que le nombre de fils que peut recevoir une tourelle est limité, et que l'on ne saurait pratiquement et à moins d'une disposition des lieux toute spéciale, en admettre plus de 800;

Considérant qu'au-dessus de 800 fils, il y a lieu de rechercher des moyens spéciaux pour amener les fils des abonnés jusqu'au bureau central, et qu'on emploiera avec avantage dans ce but des tourelles annexes, sur lesquelles viendront se grouper les fils des abonnés, et que des lignes en câbles aériens relieront au bureau central;

Considérant que, malgré les renseignements peu favorables recueillis jusqu'à présent sur ce genre de câbles, la Section, s'appuyant sur les améliorations récentes obtenues dans la fabrication des câbles recouverts de caoutchouc, espère qu'on parviendra à construire un modèle de câble aérien réunissant les conditions nécessaires pour l'emploi qu'elle propose d'en faire,

La Section émet le vœu que l'Administration fasse étudier un modèle de câble aérien pour réseaux téléphoniques.

CONDITIONS GÉNÉRALES D'ÉTABLISSEMENT.

La 1re section a examiné une vingtaine de questions diverses se rapportant aux conditions générales d'établissement des lignes aériennes.

Pour plusieurs de ces questions, la Section a reconnu que les instructions administratives en vigueur relativement aux lignes télégraphiques pouvaient être appliquées sans modification aux lignes téléphoniques.

Telles sont les questions concernant :

Les portées et les tensions des fils;

L'écartement des conducteurs;

Le déroulement des couronnes;

Les procédés de soudure, etc.

Il paraît donc inutile de soumettre ces questions à la Conférence plénière.

Au contraire, la Section propose de mettre en discussion ses conclusions relatives aux questions suivantes :

1° Tracé des lignes;

2° Fils de réserve;

3° Nature et diamètre des fils;

4° Isolateurs;

5° Conditions résultant de la coexistence d'autres fils électriques;

6° Arrêtage et ligaturage des fils;

7° Sourdines;

8° Moyens de préservation des appuis;

9° Rosaces;

10° Circuits doubles;

11° Équipes.

Premier avis. — Les fils partant de la tourelle de concentration doivent former le plus grand nombre possible de lignes-artères divergentes, alors même que le nombre des fils à poser pour relier les abonnés ne nécessite pas absolument l'installation de toutes ces lignes.

Deuxième avis. — La Section propose la mise en place, dans chaque direction, de quelques fils d'attente, le quart environ du nombre des conducteurs immédiatement utilisés.

Troisième avis. — La Section propose pour les réseaux urbains la création d'un type de fil de bronze d'une conductibilité électrique supérieure à 30 p. 100 de celle du cuivre pur et d'un diamètre voisin de 0 m. 0015, en bénéficiant le plus possible des progrès de l'industrie pour combiner au mieux la résistance électrique et la ténacité.

Quatrième avis. — La Section propose de modifier les types d'isolateurs (petit modèle) pour réseaux téléphoniques en écartant un peu l'oreillette de la tête de l'isolateur, afin de permettre la mise en place de la sourdine, modèle de Paris.

Cinquième avis. — 1° Les croisements des fils du réseau téléphonique avec les autres fils électriques devront toujours être effectués à angle droit;

2° Le changement de direction aura lieu au moins 20 ou 25 mètres avant et après le point de croisement;

3° La distance verticale entre les fils en ce point devra être telle qu'aucun mélange ne soit à redouter.

Sixième avis. — 1° L'emploi du fil de fer est absolument proscrit pour l'arrêtage et le ligaturage des fils de bronze;

2° La Section propose d'adopter le fil de cuivre de 1 millimètre pour arrêter et ligaturer tous les conducteurs des réseaux urbains.

Septième avis. — La Section, après avoir avoir examiné les divers systèmes de sourdines indiqués par divers membres, est d'avis :

1° D'écarter les types qui exigent une coupure sur le fil de ligne;

2° D'adopter les divers systèmes décrits dans le rapport, en laissant les Ingénieurs libres de les employer isolément ou simultanément.

Huitième avis. — La Section recommande comme mesure de préservation :

L'injection au sulfate de cuivre ou à la créosote et la peinture pour le bois;

La peinture pour le fer.

Neuvième avis. — La Section recommande l'établissement de rosaces pour permutations de fils dans les bureaux centraux, en limitant au maximum de 400 le nombre des fils de chaque rosace : au delà de ce nombre, il faut plusieurs rosaces, ou plutôt des dispositifs spéciaux qui devront être étudiés de manière à permettre un large accroissement du nombre des fils.

Dixième avis. — Les réseaux nouveaux devront toujours être construits à double fil.

Vœu. — La Section émet le vœu que l'Administration assure contre les accidents les ouvriers, même temporaires, qu'elle occupe aux travaux sur les toitures.

LIGNES SOUTERRAINES EN ÉGOUT ET EN TRANCHÉE.

LIGNES EN TRANCHÉE.

Il n'existe pas en France de véritables lignes souterraines en tranchée affectées aux communications téléphoniques ; la portion de ligne de ce genre existant à Bordeaux a un médiocre développement et ne peut constituer un exemple à imiter.

LIGNES EN ÉGOUT.

Au contraire, pour les lignes en égout l'existence du réseau de Paris offre une précieuse source d'informations et le résultat d'une expérience déjà longue.

La 1ʳᵉ section a recueilli avec le plus grand intérêt les renseignements qui lui ont été donnés par M. le Directeur-Ingénieur de la région de Paris et par ses collaborateurs. Ces renseignements sont détaillés dans le travail du rapporteur qui a traité la question des lignes souterraines ; il ne paraît pas indispensable de les porter en ce moment à la connaissance de la Conférence plénière, en faisant une exception cependant relativement à la longueur et aux prix de revient du réseau de Paris.

Les modèles de câbles employés sont :

1° Le câble à 14 conducteurs recouvert de plomb, du prix de 3,600 francs par kilomètre, pose comprise ;

2° Le câble à 2 conducteurs recouvert de plomb, du prix de 720 francs par kilomètre, pose comprise.

En tenant compte des fournitures et frais pour la pose, le prix du kilomètre de ligne à double fil, posé dans les égouts de Paris, est de 63o francs; la moyenne de la longueur des lignes d'abonnés étant de 1,35o mètres, le prix de la ligne par abonné est en moyenne de 85o francs.

Il est bon de remarquer que ce prix moyen doit être augmenté de la part proportionnelle provenant de la valeur des lignes auxiliaires qui relient les divers bureaux centraux de Paris; en tenant compte de ces lignes, la longueur moyenne par abonné passe de 1,35o à 1,75o mètres, et le prix moyen par abonné, de 85o francs à 1,100 francs; cette augmentation de longueur et de prix est importante.

CÂBLES.

La Section a émis, à propos des lignes en égout, les divers avis suivants :

Premier avis. — Considérant que les câbles fournis par la Société des Téléphones sont insuffisants en ce qui concerne l'épaisseur de la gutta-percha,

1° La Section est d'avis d'adopter, quand l'espace disponible le permettra, un câble à quatorze conducteurs d'un type plus fort que celui de la Société générale des Téléphones, et conforme au modèle précédemment créé par l'Administration ;

2ª Ce câble serait en outre amélioré en remplissant par de la cordelette de filin le vide qui se trouve entre les conducteurs.

3° La Section propose également d'augmenter la couche de gutta-percha du câble sous plomb à deux conducteurs.

MOYENS DE COMBATTRE L'INDUCTION ET LA CAPACITÉ.

L'emploi du système à double fil enroulé en hélice supprime entièrement l'induction.

En ce qui concerne la capacité, la Section, après avoir examiné les systèmes de câbles Brooks, Berthoud, Borel, Hutchinson et Fortin-Hermann, a émis la proposition suivante :

Deuxième avis. — 1° Les câbles ordinaires en gutta-percha suffisent d'une manière générale pour les réseaux urbains et même pour les communications interurbaines d'abonné à abonné, et doivent être préférés aux autres ;

2° Les câbles Fortin-Hermann doivent être choisis pour la constitution des sections de lignes interurbaines à établir en galerie ou en tunnel ou dans d'autres cas spéciaux.

CÂBLES DE LUMIÈRE, TRANSPORT DE FORCE.

Troisième avis. — 1° La section s'associe à la demande que M. le Directeur-Ingénieur de la région de Paris a formulée au sujet des câbles du réseau électrique municipal à placer dans les égouts, à savoir que ces câbles devront être du système concentrique, et être isolés avec le plus grand soin;

2° La Section émet le vœu que la même règle soit suivie partout, le cas échéant.

ÉQUIPES ET SURVEILLANCE.

Quatrième avis. — Vu l'arrêté du 26 février 1882, qui accorde une indemnité spéciale aux sous-agents et ouvriers qui travaillent dans les égouts ou sur les toits ;

Considérant que les travaux à exécuter dans les tunnels sont tout aussi pénibles et doivent être assimilés aux précédents,

La Section émet l'avis que l'arrêté du 26 février 1882 soit étendu aux travaux dans les tunnels, lorsque les ouvriers n'ont pas droit à l'indemnité de découcher ni de déplacement.

Cinquième avis. — La Section recommande qu'on ne perde pas de vue la surveillance des lignes en égout, afin d'arriver à diminuer les dérangements causés par les travaux des autres services.

RACCORDEMENT DES LIGNES SOUTERRAINES ET AÉRIENNES.

Sixième avis. — La Section est d'avis de placer des paratonnerres à toutes les jonctions de lignes en câbles et de lignes aériennes, soit que ces jonctions soient faites sur poteaux, ou dans des boîtes de coupures, guérites ou tourelles.

LIGNES EN TRANCHÉE.

La Section a écarté d'une façon générale la construction de lignes souterraines en tranchée pour le développement des réseaux téléphoniques urbains, et elle a accordé la préférence aux lignes en égout et aux lignes aériennes. Elle a cependant examiné quel emploi on pourait faire de petites sections souterraines pour relier, dans le cas d'un réseau très important, le poste téléphonique central à des tourelles annexes ou points d'appui spéciaux établis pour l'épanouissement des fils aériens ;

La Section a étudié trois systèmes différents :

1° Le système d'une galerie spéciale, présentant tous les avantages d'une ligne en égout.

2° Le système d'un caniveau en fonte, avec couvercle à recouvrement dans lequel les câbles pourraient être placés sans tirage.

3° Le système d'une conduite en fonte de grand diamètre, enveloppée de béton, pour lui assurer une très longue durée, dans laquelle on tirerait de nouveaux câbles au fur et à mesure des besoins.

Le système de galerie spéciale, type des plus petits égouts, coûte à Paris 102 fr. 55 par mètre pour l'établissement de la galerie; cette dépense considérable est réduite de moitié au moyen d'une entente avec la ville de Paris, qui se réserve la moitié de la galerie.

Un système de caniveau pouvant contenir 100 câbles coûterait environ 22 francs par mètre; l'inconvénient de ce procédé consiste en ce que, pour lui conserver l'avantage d'éviter les tirages successifs et pour éviter des frais de réouverture fréquente de la tranchée, qui seraient de 9 francs par mètre, on serait amené à poser un certain nombre de câbles de réserve qui augmenteraient les frais de premier établissement.

Une conduite en fonte de 25 centimètres de diamètre, du poids de 80 kilogrammes au mètre, enveloppée de béton, coûterait 29 francs par mètre : elle pourrait recevoir 75 câbles.

Septième avis. — La Section émet l'avis que le système à tirages successifs devra être adopté, lorsque la construction d'une galerie spéciale sera impossible ou trop coûteuse.

COMPARAISON DES DIVERS SYSTÈMES.

La 1re section, après avoir discuté les différents systèmes de construction, s'est arrêtée aux propositions suivantes :

1° Dans les villes où il existe des égouts se prêtant à l'établissement d'un réseau téléphonique, il convient d'employer le système des câbles sous plomb en usage à Paris, de préférence à tout autre;

2° S'il n'y a pas d'égouts ou si les égouts existants sont inutilisables, on construira des réseaux aériens ;

3° Si le nombre des fils aériens devient trop grand, il sera avantageux d'établir des tourelles annexes réunies au bureau central ou à la tourelle centrale par des câbles.

4° Si l'on emploie des câbles souterrains, il faut donner la préférence au système permettant d'ajouter les câbles au fur et à mesure des besoins;

5° Quand on sera en possession d'un bon modèle de câble aérien, il pourra aussi être employé pour la réunion des tourelles annexes à la tourelle centrale.

2ᵉ SECTION.

BUREAUX CENTRAUX.

1° NÉCESSITÉ D'UN BUREAU CENTRAL UNIQUE;

2° EMPLACEMENT DE CE BUREAU.

I. Sur la première question,

LA 2ᵉ SECTION :

Au point de vue de l'exploitation,

Considérant :

Que le but que l'on doit se proposer est d'obtenir l'établissement aussi prompt et aussi sûr que possible des communications entre les abonnés du réseau;

Que les abonnés, reliés à des bureaux-succursales, ne peuvent correspondre entre eux et avec les abonnés reliés au bureau central que par l'intermédiaire de deux bureaux au moins, et que, de la nécessité de ces manœuvres multiples résultent nécessairement des retards et souvent des erreurs dans l'établissement des communications ;

Que d'ailleurs, en ce qui concerne les intérêts de l'Administration, l'exploitation des réseaux avec succursales exige un personnel plus nombreux et, par suite, une dépense plus considérable que l'exploitation par poste central unique ;

Au point de vue technique,

Considérant :

Que si, à Paris, en raison de l'importance du réseau la création d'un bureau unique présente des difficultés matérielles considérables, cet obstacle n'existe plus pour les villes de province ;

Que, pour ces villes, les frais de premier établissement ne se trouveraient pas sensiblement accrus par le choix d'un réseau à bureau central unique ; que d'ailleurs la différence en plus, si elle existait, serait rapidement compensée par l'économie réalisée sur les frais d'exploitation du réseau ;

Réservant pour une étude spéciale ses conclusions en ce qui concerne le cas spécial du réseau de Paris,

Est d'avis

Qu'il convient partout d'adopter le système à bureau central unique.

II. Sur l'emplacement du bureau,

Considérant :

Que le déplacement d'un bureau téléphonique est une opération difficile et coûteuse, qui ne comprend pas seulement la réinstallation du poste central dans son nouveau local, mais nécessite encore des remaniements importants à toutes les lignes du réseau ;

Que par suite il importe avant tout de choisir dès le principe un emplacement où le service téléphonique puisse être installé d'une façon stable et définitive ;

Que dans les villes où un Hôtel des postes existe, cet édifice donne les meilleures garanties à cet égard ; que dans les autres villes l'Administration a, pour des raisons analogues, le même intérêt à rechercher la stabilité de son bureau télégraphique ;

Que d'ailleurs la réunion ou le rapprochement aussi complet que possible des services téléphoniques et télégraphiques est désirable à d'autres points de vue encore, notamment pour la surveillance du service et pour les rapports avec le public;

Qu'en outre cette disposition est celle qui se prête le mieux à l'établissement du service de la transmission des dépêches par téléphone, ainsi qu'à l'établissement des communications téléphoniques interurbaines;

Considérant enfin qu'en plaçant le bureau téléphonique au centre des abonnés, les frais de premier établissement seraient réduits à leur minimum; mais qu'en général la position ainsi définie est très voisine de celle qu'occupe déjà le bureau télégraphique, qu'on a dû chercher à mettre au centre de la ville;

Que d'autre part, le service téléphonique occupant seulement l'étage supérieur de la maison, dont on ne tire ordinairement aucun parti, la réunion des deux services, permettra une meilleure utilisation des locations faites au nom de l'Administration;

Pour ces différentes raisons,

LA SECTION ESTIME

Que le bureau téléphonique doit être placé au bureau télégraphique à moins que l'emplacement de ce dernier ne soit mal choisi.

SUR L'INSTALLATION INTÉRIEURE DES POSTES CENTRAUX TÉLÉPHONIQUES.

LA 2ᵉ SECTION,

Après avoir examiné les principaux systèmes usités soit en France, soit à l'étranger, et pris connaissance des particularités caractéristiques du matériel correspondant;

Considérant:

Que la promptitude dans la mise en communication des correspondants est d'absolue nécessité, et que l'obligation d'y parvenir est d'autant plus impérieuse que l'importance du poste est plus grande comme nombre d'abonnés desservis ou de conversations échangées;

Que les obstacles à la célérité du service proviennent surtout du nombre et de la complexité des manœuvres;

Que cette complexité tient en partie à l'intervention de plusieurs téléphonistes solidaires l'un de l'autre pour l'établissement d'une même communication;

Que la mise en communication est relativement simple et rapide dans les postes comprenant moins de 200 abonnés, et que la fréquence des conversations n'y exige pas dès maintenant un changement de matériel;

Que dans les postes de plus de 200 abonnés, il y a, par contre, intérêt immédiat à accélérer le service en simplifiant les manœuvres et en obtenant un groupement plus compact des lignes d'abonnés sur les commutateurs;

Que les tableaux commutateurs du système souvent désigné sous le nom de système suisse (*Voir* au *Journal télégraphique de Berne*, année 1883, p. 139) paraissent donner satisfaction pour des postes centraux ayant jusqu'à 500 abonnés;

Que ces commutateurs, en plus d'une accélération sensible des manœuvres, procurent l'avantage d'occuper beaucoup moins d'espace que les appareils usités aujourd'hui en France;

Qu'ainsi, un panneau de 25 abonnés a, dans le système de la Société générale des Téléphones, 35 centimètres de large, tandis que le commutateur adopté en Suisse, pour 50 abonnés n'en a seulement que 31;

Que les systèmes plus perfectionnés entraînent dans les travaux de premier établissement une certaine complication;

Que, pour un poste desservant moins de 500 abonnés et dans les conditions actuelles d'activité des réseaux français, cette complication serait peut-être insuffisamment compensée par les avantages qu'en retirerait le service;

Que, d'autre part, pour des réseaux dépassant 500 abonnés, il y a un intérêt majeur à profiter des derniers perfectionnements apportés aux commutateurs téléphoniques;

Qu'il est possible, dès aujourd'hui, en adoptant un système du genre dit *multiple*, de faire desservir 4,000 abonnés par un même poste;

Que l'adoption d'un commutateur de ce genre, du système le plus répandu, permet d'employer un personnel restreint de téléphonistes, sans exiger un local d'une étendue exagérée, puisque le développement en long d'un semblable commutateur peut être calculé à raison de 1 m. 68 par 200 abonnés;

Qu'enfin, pour les postes centraux comprenant plus de 4,000 abonnés, les renseignements parvenus à la deuxième section sont peu précis, et que d'ailleurs l'expérience ne semble pas complète, au moins pour les réseaux de 5,000 abonnés ou plus;

Que, en l'état présent du matériel téléphonique,

Si, au point de vue du développement ultérieur probable, on range les postes centraux en quatre catégories :

Les petits (moins de 200 abonnés);

Les moyens (de 200 à 500 abonnés);

Les grands (de 500 à 4,000 abonnés);

Les très grands (dépassant 4,000 abonnés),

Est d'avis que :

1° Jusqu'à nouvel ordre, les commutateurs déjà installés dans les postes de la première catégorie peuvent être conservés, et les postes nouveaux de la même catégorie munis du matériel qui deviendrait disponible par la transformation des postes plus importants;

2° Dans toute installation nouvelle, et sauf la réserve ci-dessus formulée relativement à l'utilisation, dans les petits bureaux, du matériel existant, il y aura lieu, en cas soit de création, soit de transformation, d'employer pour les bureaux, petits et moyens, un système analogue au système suisse et pour les grands postes un système du genre dit *multiple*;

3° Pour les postes de plus de 4,000 abonnés, il y a lieu de s'assurer des résultats que fournira l'expérience dans les postes déjà établis en prévision d'un développement semblable, et de poursuivre l'étude de la question;

4° Il convient de mettre dès maintenant à l'essai des commutateurs multiples dans un certain nombre de bureaux d'importance diverse, comme, par exemple, ceux de Reims et de Lyon.

SUR L'ORGANISATION DU SERVICE À PARIS.

La 2ᵉ section,

Sur la question de l'établissement, à Paris, d'un bureau central unique,

Considérant :

Qu'il y a lieu de tenir compte de l'état présent du réseau;

Que d'ailleurs la création et l'exploitation d'un bureau unique présenteraient des difficultés considérables, étant donné les moyens d'action connus jusqu'à ce jour,

Est d'avis

Qu'il n'est pas possible, en l'état actuel, de centraliser, dans un seul bureau, le service du réseau urbain de Paris, mais qu'il convient de poursuivre les études ayant pour but de simplifier l'organisation et le service de ce réseau ;

Sur l'organisation des succursales,

Considérant :

Que, quelle que soit l'importance donnée au bureau central, la nécessité de créer ou de maintenir des succursales s'impose,

Estime

Que ces succursales devront être convenablement réparties et reliées au réseau central par des lignes directes en nombre suffisant, qui seraient, au besoin, complétées par des lignes auxiliaires mettant en communication directe les succursales qui auraient entre elles des relations suffisamment actives.

Elle estime en outre que, toujours en se maintenant dans le même ordre d'idées, il conviendrait de faciliter l'étude, l'essai et l'application de tous les systèmes ou procédés spéciaux permettant, avec des abonnements réduits, de desservir plusieurs abonnés par le même fil (stations automatiques, etc.)

SUR LES FILS OU CÂBLES INTÉRIEURS ET LES CÂBLES ANTIINDUCTÉS.

La 2ᵉ section,

Considérant :

Que, dans l'installation d'un grand nombre de bureaux, on emploie du câble sous plomb dans le trajet de la tourelle aux paratonnerres, et du câble sous coton depuis les paratonnerres jusque dans le bureau ;

Que ces deux modèles de câbles, bien qu'à fil unique, donnent, même au point de vue de l'induction, un très bon résultat ;

Que le plus souvent d'ailleurs le parcours commun de ces câbles est d'une faible longueur,

EST D'AVIS

Qu'il n'y a pas lieu de modifier ce type pour les réseaux de faible importance.

Considérant :

D'autre part, que pour les grands bureaux il y a lieu de se pré-occuper de l'espace disponible;

Que l'emploi des câbles à plusieurs conducteurs n'a donné que de bons résultats dans les réseaux à deux fils, et que ce mode d'installation est plus économique,

Estime qu'il y a lieu de continuer à s'en servir dans les bureaux desservant les grands réseaux à deux fils et d'en essayer l'application dans les réseaux à fil unique.

En ce qui concerne les câbles antiinductés,

Considérant :

Que les modèles de câbles qui ont été essayés en France et à l'étranger jusqu'à ce jour n'ont pas donné de résultats entièrement satisfaisants,

La Section ne croit pouvoir se prononcer en faveur d'aucun de ces systèmes, et constate que la question reste à l'état d'étude.

SUR LE MODE DE JONCTION DES RÉSEAUX URBAINS OU DES LIGNES PRIVÉES AVEC LES LIGNES INTERURBAINES.

LA 2ᵉ SECTION,

Considérant que le raccord se fait naturellement, sans organes spéciaux, lorsque les deux lignes à joindre présentent le même nombre de fils;

Considérant que, dans le cas où l'un des circuits est à fil unique et l'autre à double fil, la solution consistant à n'utiliser pour la communication interurbaine que l'un des conducteurs du circuit double est nettement désavantageuse et doit être écartée;

Considérant que, dès lors, le seul procédé connu réside dans l'emploi de bobines translatrices; que les résultats ainsi obtenus paraissent, dans leur ensemble, plutôt favorables, et qu'on peut espérer les voir meilleurs encore lorsque la difficile question des transformateurs en ligne aura été plus complètement élucidée;

Considérant d'ailleurs que, pour tirer de la ligne interurbaine tout le parti possible, il est indispensable que, dans chaque localité, le raccord en soit fait avec les lignes d'abonnés par un poste téléphonique unique,

Est d'avis

Que pour les réseaux ou lignes privées présentant le même nombre de fils que la ligne interurbaine, la liaison soit établie directement, sans organes spéciaux, et comme s'il s'agissait d'une simple communication entre abonnés du réseau;

Que, dans le cas où le nombre des fils n'est pas le même sur le circuit local et le circuit interurbain, il soit fait usage de bobines translatrices;

Que, dans les villes pourvues de plusieurs postes téléphoniques, ceux-ci soient reliés directement à un poste unique, auquel aboutiront toutes les lignes interurbaines desservant la localité, et qui sera ainsi le seul chargé de donner les communications à longue distance.

PILES. — TYPES ET GROUPEMENTS DES ÉLÉMENTS POUR PILES D'APPEL ET DE MICROPHONE. — EMPLOI DES PILES SECONDAIRES ET ACCUMULATEURS.

La Section,

Considérant que, dans un grand nombre de réseaux, le système adopté consiste à employer, dans chaque poste, deux piles distinctes, l'une pour le microphone, composée d'éléments Leclanché à grande surface, l'autre pour les appels, composée d'éléments Leclanché ordinaires;

Que ce genre de piles offre la plus grande facilité pour son remplacement chez les abonnés;

Qu'il est d'un maniement et d'un transport facile;

Qu'on peut en effectuer le renouvellement périodique, sans empêcher l'emploi des éléments, jusqu'à complète usure;

Considérant que les éléments de Lalande et Chaperon sont d'un maniement plus délicat;

Que leur montage exige les soins d'agents compétents,

ÉMET L'AVIS

Qu'il y a lieu de se servir d'éléments Leclanché à grande surface pour les piles de microphone chez les abonnés, de piles Leclanclé ordinaires pour les sonneries et de n'utiliser les piles de Lalande que dans les bureaux centraux ou les postes publics dans lesquels se trouvent des agents expérimentés.

Considérant que les piles secondaires n'ont encore été utilisées que dans quelques cas spéciaux;

Que, si elles ont donné de bons résultats, l'emploi des piles Leclanché et de Lalande donne des résultats comparables,

EST D'AVIS

Qu'il est inutile, jusqu'à présent, de recommander l'emploi des piles secondaires autrement qu'à titre d'essai.

Toute réserve est faite pour l'emploi des piles à utiliser pour les communications interurbaines.

APPELS PAR COURANTS ÉLECTRO-MAGNÉTIQUES.

LA 2ᵉ SECTION,

Considérant que, jusqu'à ce jour, en France, les appels magnéto-électriques n'ont été employés que dans des installations spéciales;

Qu'on se sert généralement, soit aux bureaux centraux, soit chez les abonnés, de piles Leclanché,

ÉMET LE VOEU

De voir mettre à l'essai, chez les abonnés, un certain nombre d'appels magnéto-électriques.

Elle estime que, dans les bureaux centraux, toute installation de ces appareils semble plus coûteuse et plus difficile que l'emploi des piles.

SUR LES CÂBLES DE TERRE.

LA 2ᵉ SECTION,

Considérant que la sensibilité des récepteurs téléphoniques exige des précautions particulières pour l'installation des terres des bureaux centraux;

Que, tout d'abord, il est indispensable d'avoir une terre distincte pour le téléphone et le télégraphe, sous peine de percevoir dans l'appareil téléphonique toutes les transmissions télégraphiques;

Que l'installation de deux terres distinctes, même à une assez grande distance l'une de l'autre, ne suffit pas à faire disparaître cet inconvénient si le sol est très bon conducteur;

Que cet inconvénient peut en outre provenir de dérivations non apparentes entre les deux terres par les parties métalliques des bâtiments, auxquels les fils non isolés sont fixés;

Que, d'un autre côté, si le sol est mauvais conducteur, les conversations sont troublées par les courants d'appel,

Est d'avis

Que pour le téléphone il y a lieu d'aller chercher la terre à une distance suffisante, dans un terrain très conducteur, au moyen d'un câble, et non de fil nu, et en prenant des dispositions pour que l'armature du câble ne puisse établir de communication entre les terres télégraphiques, téléphoniques et autres, dispositions qui consisteraient, par exemple, à sectionner ou à isoler l'armature.

MISE À LA TERRE SIMULTANÉE EN CAS D'ORAGE.

La section est d'avis

Que, dans les bureaux centraux téléphoniques, même de peu d'importance, il y a lieu d'appliquer un système de mise à la terre de tous les fils du réseau.

Elle constate qu'il existe des systèmes de mise à la terre simultanée qui fonctionnent très régulièrement dans la plupart des réseaux de l'État et qui sont d'un établissement facile et peu coûteux.

SUR LE COMPTAGE MÉCANIQUE DES CONVERSATIONS TÉLÉPHONIQUES.

Dans l'exploitation des réseaux téléphoniques on distingue généralement deux systèmes principaux. Le premier consiste à faire payer à l'abonné, outre les frais d'installation de la ligne et des appareils, une contribution annuelle représentant les dépenses de service de la station centrale et les frais d'entretien des lignes et des piles.

Ce système est en usage en France dans les réseaux exploités par l'État.

Le second système, pratiqué jusqu'à ce jour par la Société générale des Téléphones, consiste dans l'abonnement pur et simple.

Le paragraphe 2 du programme de la 2ᵉ section indique l'étude du comptage mécanique des conversations, ce qui implique l'emploi d'un troisième système dans lequel les abonnés payeraient au prorata des conversations échangées.

Dans ce système, chaque ligne est munie de compteurs dont le relèvement est opéré à intervalles déterminés, par les employés chargés d'établir les décomptes.

On peut concevoir, pour l'organisation de ce système, divers procédés d'installation :

1° Les compteurs étant placés au bureau central et disposés de façon à être facilement examinés et manœuvrés par l'employé chargé d'en assurer le service;

2° Les compteurs étant placés au domicile des abonnés par analogie avec les compteurs d'eau, de gaz, etc.

Dans ce cas, l'employé chargé des décomptes passerait chez les abonnés.

3° Le montage des compteurs étant fait en double, l'un des deux au bureau central, l'autre chez l'abonné.

L'installation la plus simple serait celle qui serait faite avec la première méthode, c'est-à-dire avec les compteurs au bureau central; elle s'adapterait facilement soit aux tableaux de M. Sieur, soit aux tableaux à rosace.

Dans ce dernier cas, le montage pourrait être fait de la façon suivante :

Chacun des conjoncteurs porterait dans le trou placé près du ressort de communication de l'annonciateur une petite goupille, en ébonite ou en ivoire, s'enfonçant sous la pression de la cheville et établissant, derrière le tableau, un circuit local fermé, composé d'une pile et de l'électro-aimant du compteur.

Cet instrument serait un compteur à mouvement direct et à un seul cliquet d'impulsion.

Il consisterait essentiellement en une palette d'électro-aimant actionnant un cliquet à ressaut faisant tourner d'une division une roue de rochet divisée, portant les chiffres indicatifs.

Cette solution est simple et facile à réaliser, elle ne gêne ni ne modifie le jeu des appareils, la téléphoniste n'a aucun surcroît de travail; il lui suffit d'observer exactement les prescriptions du règlement, de façon à établir l'abonné qui a appelé sur la partie du conjoncteur coupant la communication avec l'annonciateur.

A des jours et heures déterminés, par exemple tous les matins, la téléphoniste ferait le relevé de chaque compteur en même temps qu'elle le remettrait au zéro.

Le compteur étant placé chez l'abonné, la question devient plus difficile à résoudre, parce qu'on ne peut demander aux diverses personnes appelées au téléphone aucune autre manœuvre que celle de décrocher ou accrocher les appareils, et l'on ne peut pas profiter du jeu du crochet parce que le compteur ne doit enregistrer que des communications réelles et effectives.

On serait conduit à intercaler l'électro-aimant du compteur sur le fil de ligne et à l'actionner par un courant envoyé du bureau central et à disposer les organes de telle façon que ce courant ne puisse être confondu avec ceux d'appel.

Dans la troisième méthode, qui consiste à faire fonctionner deux compteurs, l'un au central, l'autre chez l'abonné, il y aurait à étudier un dispositif dans lequel le compteur central enverrait automatiquement et pendant un temps déterminé un courant au compteur d'abonné.

Cette disposition donnerait, si elle pouvait être réalisée pratiquement et économiquement, une solution complète de la question, puisque les compteurs marcheraient synchroniquement, sauf dans les moments de perturbations des lignes produisant des mélanges ou des dérivations.

En résumé, le compteur mécanique des conversations peut être pratiquement adapté aux tableaux en usage en France, mais en plaçant seulement un compteur pour chaque ligne au bureau central; les deux autres méthodes présentent des difficultés entraînant des complications dans l'agencement des lignes et des appareils, et demandent une étude approfondie de la question.

Des systèmes analogues ont été mis à l'essai et fonctionnent dans divers pays, mais il convient de dire que les renseignements recueillis à cet égard ne sont pas assez complets pour permettre de préjuger la valeur pratique de ce mode d'exploitation.

En conséquence,

LA 2ᵉ SECTION EST D'AVIS :

1° Qu'au point de vue technique la construction d'un compteur placé au bureau central est réalisable et que l'appareil peut être mis à l'essai;

2° Que la construction de systèmes permettant de placer les compteurs au bureau central et chez les abonnés nécessiterait de nouvelles études.

SUR LES VÉRIFICATIONS ÉVENTUELLES ET PÉRIODIQUES DE L'ÉTAT DES COMMUNICATIONS.

L'état des communications se vérifie par l'échange même des conversations, et l'expérience montre que les dérangements sont extrêmement peu fréquents. Il n'y a donc lieu de prescrire, pour cette vérification, aucune mesure spéciale. Les téléphonistes, d'ailleurs, arrivent à connaître les habitudes des abonnés qu'elles ont à desservir, pourvu qu'elles restent toujours affectées au même groupe d'abonnés; elles sont alors à même, dans le cas où un abonné n'a pas fait de son fil l'usage habituel, de procéder pour lui aux vérifications nécessaires. C'est en réalité ce qui se passe dans la pratique.

L'état des communications dépend aussi beaucoup de l'emplacement donné chez les particuliers au poste téléphonique, de l'entretien donné à ce poste et des personnes qui en font usage; toutes choses qui ne peuvent être examinées que sur place. Les observations auxquelles ce contrôle pourrait donner lieu, outre qu'elles nécessitent la connaissance approfondie du service, ne seraient certainement admises par les abonnés qu'autant qu'elles viendraient d'un agent auquel sa situation administrative donnerait une certaine autorité morale. De là la nécessité, pour le chef du service téléphonique ou pour ses adjoints, dans le cas de réseaux très importants, d'aller visiter périodiquement les abonnés, ce qui permettrait, en outre, de recueillir les réclamations ou observations qu'un grand nombre d'abonnés se contentent de faire par l'appareil, et qui, non communiquées par les téléphonistes à leur chef direct, ne reçoivent aucune suite.

L'état des piles chez les abonnés contribue également, pour une large part, au bon fonctionnement du réseau. Un système appliqué dans plusieurs villes et qui donne d'excellents résultats consiste à remplacer périodiquement les éléments quel que soit leur état; les éléments du microphone, à intervalles beaucoup plus rapprochés que ceux de la sonnerie. L'activité d'un réseau peut d'ailleurs seule déterminer la durée de cet intervalle.

Les éléments retirés de chez l'abonné et remplacés par d'autres sont rapportés au magasin du poste central, où ils subissent un nettoyage complet et une remise à neuf pour de nouveau pouvoir remplacer les éléments en service. Ce système permet d'utiliser les éléments jusqu'à leur complète extinction, tout en ayant toujours chez les abonnés des piles en très bon état.

SUR L'ORGANISATION DU SERVICE DE TRANSMISSION DES TÉLÉGRAMMES PAR TÉLÉPHONE DANS LES BUREAUX CENTRAUX.

Le poste de réception et d'expédition des télégrammes par téléphone peut être installé soit dans le bureau de télégraphe, soit dans le bureau téléphonique.

LA SECTION,

En ce qui concerne le premier cas, celui où le poste est établi dans le bureau de télégraphe :

Considérant que les employés quittent difficilement leurs appareils, et se trouvent extrêmement dérangés par cette nouvelle obligation;

Qu'ils ont fréquemment des contestations avec les dames téléphonistes ou perdent leur temps à converser avec elles;

Enfin, qu'étant fréquemment changés, ils n'ont point l'habitude du téléphone, et sont ainsi exposés à ne pas entendre exactement les télégrammes transmis ou à les transmettre mal;

Considérant que ce système, tout d'abord employé à Reims, a dû être modifié, pour le grand bien du service;

Que, s'il existe encore à Troyes, on en constate les inconvénients,

EST D'AVIS

Qu'il y a lieu de rejeter ce premier système, toutes les fois que la chose est possible.

En ce qui concerne le second cas, celui où une dame téléphoniste est spécialement attachée à ce service et où, installée devant une table de manière à pouvoir écrire commodément, elle est traitée par le bureau central téléphonique comme un abonné ordinaire auquel on donne des communications sur sa demande, ou sur celle des autres abonnés du réseau (son poste étant de préférence muni d'un transmetteur-récepteur qui lui permette de garder ses deux mains libres);

Considérant que, dans le cas où les transmissions téléphoniques ne sont pas trop nombreuses, ce poste peut être placé dans la salle même du bureau central téléphonique;

Mais que, si le réseau comprend plus de cent abonnés, le bruit produit autour du commutateur suffit pour gêner la réception des télégrammes,

Est d'avis

Qu'il y a lieu d'installer le poste spécial de réception des télégrammes téléphonés, toutes les fois que cela est possible, dans un local distinct, et en communication, soit directe par un guichet, soit indirecte à l'aide d'une boule, avec le bureau télégraphique.

SUR LA NÉCESSITÉ DE CONFIRMER LA DÉPÊCHE TÉLÉPHONÉE.

La Section,

Considérant qu'à condition d'attacher à ce service un employé spécial, et en supposant que le correspondant ait l'habitude du téléphone, le service des « télégrammes téléphonés » ne donne lieu à aucune réclamation;

Que, notamment à Lille, où quatre cents télégrammes sont échangés journellement par ce moyen, et à Boulogne, où leur nombre s'élève certains jours jusqu'à neuf cents, aucune plainte n'a été formulée jusqu'à ce jour;

Considérant que, dans ces conditions, on peut considérer le téléphone comme un appareil de rendement aussi correct qu'un appareil télégraphique ordinaire, tel que le Morse,

Est d'avis

Que l'usage actuel, consistant à adresser au destinataire une confirmation immédiate de la dépêche téléphonée par facteur spécial, peut être supprimé, et que la confirmation ne doit être donnée que par la poste.

Considérant que la transmission des télégrammes par téléphone doit être faite par la voie la plus rapide, sous peine de perdre le principal avantage de ce mode de communication;

Que dans certaines villes où il existe des réseaux annexes, des abonnés à ces derniers bureaux reçoivent leurs télégrammes téléphonés par l'intermédiaire du bureau annexe;

Que cet intermédiaire est absolument inutile puisque les abonnés à ces réseaux sont reliés directement au bureau central,

Est d'avis

Que les abonnés des réseaux annexes doivent recevoir leurs télégrammes téléphonés directement du bureau central téléphonique, et qu'on ne doit pas avoir recours pour cette transmission au bureau téléphonique annexe.

VOEUX.

La 2ᵉ section,

Attendu que la création des réseaux téléphoniques est de date récente;

Que ce service est demeuré chez nous jusqu'ici entre les mains de l'industrie privée pour les réseaux les plus importants;

Que les fonctionnaires des Télégraphes n'ont eu à l'organiser que dans un petit nombre de localités, presque toutes d'importance secondaire;

Considérant, en ce qui touche le côté technique de la question :

Que, si les Ingénieurs de la Section connaissent les appareils en usage à l'étranger, c'est surtout par des publications, et qu'ils n'ont jamais eu l'occasion de voir fonctionner la plupart d'entre eux, notamment les commutateurs en usage dans les grands bureaux centraux;

Que les renseignements qu'on peut avoir à ce sujet sont souvent obscurs ou incomplets, qu'il est fort difficile de les contrôler;

Qu'au moment d'entreprendre tout un ensemble de travaux téléphoniques, il y a intérêt à posséder les spécimens des principaux appareils employés par les divers offices d'Europe et d'Amérique;

En ce qui regarde l'exploitation des réseaux, considérant qu'il serait d'un grand intérêt pour les ingénieurs français de connaître les conditions de fonctionnement des réseaux étrangers, particulièrement de ceux qui ont atteint un grand développement, et d'en faire l'étude sur place,

ÉMET LE VŒU

Que l'Administration réunisse à Paris une collection aussi complète que possible des appareils téléphoniques les plus intéressants;

Qu'une mission soit constituée pour aller étudier sur place l'organisation et le fonctionnement des services téléphoniques à l'étranger.

LA 2ᵉ SECTION,

Attendu que les questions qui viennent d'être traitées à Paris n'ont été portées à la connaissance des membres de la Conférence que peu de jours avant leur convocation;

Considérant qu'il y aurait intérêt à connaître à l'avance les points sur lesquels la prochaine Conférence sera appelée à délibérer, afin que chacun puisse les étudier en temps utile,

ÉMET LE VŒU

Que le programme des questions à traiter dans les conférences qui auront lieu en 1890 soit établi et distribué plusieurs mois à l'avance.

3ᵉ SECTION.

APPAREILS ET POSTES TÉLÉPHONIQUES.

CONDITIONS AUXQUELLES LES APPAREILS ACHETÉS PAR L'ADMINISTRATION POURRAIENT ÊTRE MIS À LA DISPOSITION DES ABONNÉS.

LA 3ᵉ SECTION,

Considérant que la diversité des types d'appareils présente des inconvénients au point de vue du bon fonctionnement des réseaux, qu'elle est nuisible à la rapidité de la réparation des dérangements et à l'économie de l'entretien,

ÉMET L'AVIS

Que les appareils installés chez les abonnés d'un même réseau ou d'un groupe de réseaux faisant partie d'un même système d'entretien, soient identiques.

TYPES D'APPAREILS À ACHETER PAR L'ADMINISTRATION.

LA 3ᵉ SECTION,

Considérant que les appareils de fabrication peu soignée, ou ceux qui exigent un fréquent réglage, présentent de sérieux inconvénients au point de vue de la bonne exécution du service et de l'économie d'entretien à la charge de l'État,

ÉMET L'AVIS

Qu'il convient d'éliminer les types ou modèles qui, malgré leur bon fonctionnement au point de vue microphonique ou téléphonique, ne présentent pas, dans leurs organes essentiels, les caractères d'une construction solide et soignée et ceux qui exigent un fréquent réglage.

MODE DE VÉRIFICATION DES RÉCEPTEURS ET TRANSMETTEURS.

LA 3ᵉ SECTION,

Considérant l'intérêt qu'il y aurait désormais à essayer le matériel téléphonique en vue de l'usage spécial auquel il est destiné,

ÉMET L'AVIS

Que les conditions de réception comprennent, outre l'examen de la bonne exécution :

1° Une vérification de l'identité absolue de toutes les pièces, de telle sorte que l'une quelconque puisse être introduite dans un appareil sans ajustage ;

2° Des expériences propres à éliminer les appareils dont les éléments électriques ou le fonctionnement téléphonique seraient insuffisants.

ESSAI DES APPAREILS DES ABONNÉS.

LA 3ᵉ SECTION,

Considérant qu'il convient d'indiquer les précautions à prendre pour que les appareils fournis par les abonnés puissent fonctionner régulièrement,

ÉMET L'AVIS

Qu'aucun appareil ne puisse être installé chez un abonné s'il n'appartient pas à un type agréé par l'Administration, et s'il n'a pas été au préalable vérifié et reconnu solide, bien construit et de bon fonctionnement, cet examen étant fait par le service local. En cas de difficulté entre le service et l'abonné, il en sera référé à l'Administration.

TYPES DE RÉCEPTEURS ET TRANSMETTEURS TÉLÉPHONIQUES À ACCEPTER PAR L'ADMINISTRATION.

LA 3ᵉ SECTION

ÉMET L'AVIS

Que l'étude de ces divers types soit confiée à une commission permanente, qui ferait les essais et les recherches nécessaires.

CONDITION D'INTRODUCTION DE NOUVEAUX TYPES.

LA 3ᵉ SECTION,

Considérant que, bien qu'en principe il paraisse désirable de limiter les modèles d'appareil en usage sur les réseaux de l'État à un petit nombre, il serait dangereux d'écarter systématiquement de nouveaux types ou perfectionnements ;

Considérant qu'il convient au contraire que l'Administration fasse appel à toutes les initiatives pour améliorer son matériel, sauf à n'introduire dans le service que des appareils présentant une supériorité réelle sur ceux qui y sont actuellement,

ÉMET L'AVIS

Qu'il y a lieu d'envoyer à l'examen de la commission permanente spéciale déjà mentionnée les modèles qui seront proposés ;

Qu'il y a lieu d'écarter les appareils qui, d'après l'avis de cette commission, ne présenteraient pas les garanties de solidité ou de bon fonctionnement désirables ou qui exigeraient de fréquents réglages.

PARATONNERRES.

LA 3ᵉ SECTION,

Considérant qu'il résulte d'expériences récentes que les paratonnerres à pointes ou à stries sont parfois peu efficaces, et que les meilleurs paratonnerres sont ceux à papier ou à lame d'air,

EST D'AVIS

Qu'il y a lieu d'essayer dans la plus large mesure, pour les paratonnerres des postes téléphoniques, les modèles à papier découpé ou à lame d'air.

ÉTABLISSEMENT DE PLUSIEURS ABONNÉS SUR LE MÊME FIL.

LA 3ᵉ SECTION,

En raison de l'intérêt considérable qui s'attache à l'établissement de plusieurs abonnés sur le même fil, non seulement pour les réseaux déjà encombrés comme celui de Paris, mais encore pour le développement de la téléphonie rurale et pour les petits réseaux annexes à créer dans le voisinage des réseaux urbains, et en présence de l'insuffisance des renseignements qu'elle a pu recueillir,

ÉMET L'AVIS

Qu'il y a lieu de se procurer des informations précises sur le fonctionnement des commutateurs automatiques utilisés à l'étranger, d'acquérir quelques-uns de ces appareils si les renseignements sont favorables, et de les mettre à l'essai sur un ou plusieurs réseaux.

CABINES PUBLIQUES.

LA 3ᵉ SECTION,

Considérant que le mode de construction et d'éclairage des cabines à installer dans les bureaux de l'Administration laisse encore à désirer;

Que les cabines publiques ne sont généralement pas d'un rendement qui justifie la création d'emplois d'agents spécialement affectés à leur service;

Que des compteurs automatiques du nombre des conversations seraient de la plus grande commodité pour l'exploitation des cabines;

Que divers systèmes de cabines automatiques sont en usage à l'étranger, mais que nous n'avons pas de renseignements précis sur leur fonctionnement;

Que s'il existe des stations automatiques de construction simple et robuste qui ne reviennent pas à un prix élevé et n'exigent pas de fréquentes réparations, elles fourniraient une solution très satisfaisante de la question des cabines à installer dans les établissements publics ou privés, qu'elles dispenseraient d'un compteur, et permettraient une application facile de la taxe par conversation si favorable à la téléphonie domestique,

ÉMET L'AVIS

Qu'il convient de continuer l'étude d'un type de cabine téléphonique;

Que dans les cabines placées dans des locaux autres que les bureaux de l'Administration, les conversations doivent être comptées par un procédé quelconque, et que l'établissement doit être responsable des taxes perçues, déduction faite de la prime attribuée au préposé;

Qu'à cet effet, un compteur mécanique ou électrique doit être étudié et mis à l'essai;

Qu'il y a lieu de se procurer des renseignements précis sur le fonctionnement des stations automatiques à l'étranger, d'acquérir immédiatement quelques-uns de ces appareils si les renseignements obtenus sont favorables, et de les mettre à l'essai sur un ou plusieurs réseaux;

Qu'il convient, en outre, de mettre à l'étude la construction de semblables appareils.

4ᵉ SECTION.

TÉLÉPHONIE INTERURBAINE.

LIGNES.

1. *Isolateurs.* — Les isolateurs employés sur les lignes de téléphonie interurbaine, surtout lorsque ces lignes ont une grande longueur, doivent être du meilleur type au point de vue de l'isolement.

2. *Nombre de fils.* — Le double fil doit être considéré comme la règle absolue pour les réseaux interurbains, non seulement pour la partie interurbaine, mais jusqu'aux cabines publiques et aux domiciles des abonnés, d'où les communications interurbaines sont utilisées.

3. *Nature du fil.* — L'emploi du fil de fer ne doit être admis qu'à titre tout à fait transitoire et seulement pour des distances inférieures à 100 kilomètres [1]. (*Vœu nº 1.*)

4. *Diamètre du fil.* — *a.* Jusqu'à ce que l'expérience ait montré qu'il peut en être autrement, les diamètres des fils de bronze placés sur les lignes interurbaines situées dans des conditions normales, c'est-à-dire sans câbles sous tunnels, prolongées dans les villes par de bons câbles dont la longueur ne dépasse 6 kilomètres, et constituées avec du bronze de conductibilité à très peu près égale à celle du cuivre pur, seront :

De 2 millimètres jusqu'à 200 kilomètres ;

De 3 millimètres jusqu'à 400 kilomètres ;

De 4 millimètres jusqu'à 600 kilomètres ;

De 5 millimètres jusqu'à 900 kilomètres.

---

[1] Le bronze ou le cuivre dur de haute conductibilité est le métal qui a donné jusqu'à présent en France les résultats les plus satisfaisants.

b. Lorsque la longueur des parties souterraines d'une ligne téléphonique dépassera 6 kilomètres, chaque kilomètre excédent sera considéré comme équivalent à 1o kilomètres supplémentaires de ligne aérienne, dans l'évaluation de la distance servant à déterminer le diamètre du fil aérien.

c. Si les longues lignes interurbaines ne peuvent pas être uniquement constituées avec des fils aériens, on emploiera, pour les parties souterraines, des câbles de capacité aussi faible que possible; et il est désirable que les conducteurs souterrains aient des sections peu différentes de celles des fils aériens qu'ils prolongent.

d. Les câbles sous tunnels ne devront être admis dans les circuits téléphoniques que lorsqu'il sera pratiquement impossible de franchir ces tunnels avec des fils aériens. (*Vœu n° 2.*)

5. *Moyens de combattre les effets de la capacité électro-statique.* — La Section ne connaît aucun moyen de combattre directement les effets de la capacité électro-statique en téléphonie; elle pense que, dans l'état actuel de nos connaissances, on ne peut guère essayer de diminuer ces effets nuisibles que par un meilleur choix d'appareils. (*Vœu n° 3.*)

6. *Antiinduction d'un circuit téléphonique par rapport aux fils télégraphiques voisins.* — *a.* Le procédé le plus pratique pour combattre l'induction des fils télégraphiques sur un circuit téléphonique à double fil consiste à disposer en hélice chaque fil de ce dernier circuit.

b. La meilleure disposition à adopter est celle qui est en service dans la Direction régionale de Paris, où le pas de l'hélice est de six portées et où les croisements se font sur les appuis.

7. *Antiinduction de plusieurs circuits téléphoniques entre eux.* — *a.* Cas de deux circuits doubles sur les mêmes appuis. Pour combattre les effets d'induction réciproque de deux circuits doubles, on disposera sur chaque appui les isolateurs des quatre fils de ce circuit de manière qu'ils soient aux sommets d'un losange, les deux fils d'un même circuit étant sur la même diagonale de ce losange, et l'on fera tourner à chaque appui chacun des fils de 45 degrés, le pas de l'hélice étant ainsi de huit portées.

b. **Cas de trois ou quatre circuits doubles.** Pour combattre les effets d'induction réciproque de trois ou quatre circuits doubles, on groupera les deux premiers circuits comme il a été indiqué précédemment et les autres, également disposés avec isolateurs en losange, formeront une hélice d'un pas double du pas de l'hélice du premier groupe.

c. **Cas où il y aurait plus de quatre circuits doubles.** En général, pour combattre les effets d'induction réciproque d'un nombre quelconque de circuits à double fil, on groupera les circuits deux par deux, comme il a été indiqué précédemment, et l'on fera en sorte que le pas des groupes de rangs pairs et celui des groupes de rangs impairs soient entre eux comme 1 est à 2.

d. **Dispositions communes.** Il y aura avantage à prolonger l'hélice d'une manière continue d'un bout à l'autre de la ligne : on se trouvera ainsi dans les meilleures conditions d'antiinduction, quelles que soient les modifications qui pourront être ultérieurement apportées aux fils, et les sous-agents s'habitueront mieux à suivre la rotation régulière des fils pour découvrir les mélanges.

8. *Utilisation simultanée des mêmes fils pour la téléphonie et la télégraphie.* — *a.* Chacun des conducteurs bien isolé d'une boucle téléphonique pourra être utilisé, dans la plupart des cas, pour les transmissions télégraphiques, en adoptant une disposition convenable des appareils téléphoniques. (*Vœu n° 4.*)

b. Si l'on veut boucler les deux fils d'un même circuit téléphonique pour constituer un seul conducteur télégraphique, il faut :

1° Qu'à chaque extrémité de la ligne, l'appareil téléphonique et ses séparateurs constituent la diagonale d'un pont de Wheatstone, sur laquelle les courants télégraphiques n'aient aucune influence ;

2° Que les branches du pont qui relient, à une même extrémité de la ligne, les appareils téléphoniques à l'appareil télégraphique possèdent des résistances et des *self-inductions* convenables, pour que ces branches ne mettent pas l'appareil téléphonique en court circuit.

La Section pense que l'on pourrait arriver à ce résultat avec une bobine d'induction convenablement disposée à chaque extrémité de la ligne. (*Vœu n° 5.*)

APPAREILS.

9. *Appels phoniques.* — Vu les bons résultats donnés en France par les appels phoniques de M. de la Touanne, et l'absence de renseignements sur les appels employés à l'étranger, la Section recommande de munir les bureaux centraux interurbains des appels phoniques de M. de la Touanne.

10. *Choix et vérification des appareils.* — *a.* Tout abonné qui demande à bénéficier des communications interurbaines devra être muni d'un appareil que l'on aura reconnu apte à être employé pour ces communications.

b. L'essai de l'appareil sera fait sur la ligne la moins bonne du réseau ou sur celle qui exige le meilleur système.

11. *Annonciateurs de fin de conversation.* — Vu l'absence de renseignements sur les annonciateurs de fin de conversation employés à l'étranger et les bons résultats donnés par les annonciateurs des systèmes de MM. de la Touanne et Ader, ces annonciateurs doivent continuer à être utilisés sur nos réseaux. (*Vœu n° 6.*)

12. *Bureaux centraux.* — Dans chaque ville, le bureau central interurbain et le bureau central urbain devront être installés dans la même pièce ou dans deux pièces contiguës, suivant l'importance du réseau interurbain.

13. *Jonction des lignes interurbaines avec les bureaux centraux du réseau urbain.* — *a.* Le bureau central interurbain sera relié au bureau central urbain par un nombre de fils au moins égal à celui des fils interurbains.

b. Les communications de service entre les deux bureaux devront être assurées par un nombre suffisant de fils affectés spécialement à ces communications.

VOEUX.

1. *Nature du fil.* — Faire établir sur un certain nombre de points du territoire soumis à de fortes variations de température et où la

6.

vérification pourra facilement s'exercer, quelques sections de fils Compound de haute conductibilité et de la meilleure fabrication, pris en France et à l'étranger, pour savoir si ces fils sont d'un emploi avantageux.

Diamètre du fil. — *a.* Faire recueillir soit par des missions, soit par tout autre moyen, des renseignements aussi précis que possible sur les lignes téléphoniques en service à l'étranger, notamment aux États-Unis, et communiquer ces renseignements à tous les Ingénieurs.

b. Faire entreprendre des études et des expériences propres à déterminer la capacité électro-statique, la *self-induction* et l'induction mutuelle de fils aériens de natures diverses et de longueurs variées.

3. *Moyens de combattre les effets de capacité.* — Faire procéder à des études et à des essais pour déterminer comment les appareils téléphoniques devraient être constitués par rapport à l'état électrique des lignes qu'ils doivent desservir.

5ᵉ SECTION.

TÉLÉGRAPHIE.

DURÉE DES POTEAUX EN BOIS ET MOYENS DE LA PROLONGER.

LA SECTION,

Considérant le peu de durée d'un grand nombre de poteaux fournis dans les dernières années, surtout lorsqu'ils sont employés peu de temps après l'injection ;

Considérant que le fait a été observé dans tous les terrains ; qu'il a été remarqué pour les lignes neuves comme pour les lignes déjà anciennes, et qu'ainsi il ne peut être attribué au sol ;

Considérant que les résultats étaient bien meilleurs lorsque les poteaux étaient préparés en régie par l'Administration ;

A défaut de la préparation directe par l'État,

ÉMET LE VOEU

Que, pour l'Algérie, tout au moins, on revienne à l'ancienne pratique de préparation des bois par les agents de l'Administration, le matériel nécessaire existant encore.

Y A-T-IL LIEU DE SUBSTITUER D'UNE MANIÈRE GÉNÉRALE LES APPUIS MÉTALLIQUES AUX POTEAUX EN BOIS?

LA SECTION,

Considérant l'élévation des frais d'achat, de transport et de plantation des appuis en fer;

Considérant que, tout en tenant compte de la longue durée des appuis métalliques et de la durée relativement restreinte des poteaux en bois, l'emploi du fer entraînerait une dépense qui a été évaluée au double et qui serait, dans tous les cas, notablement supérieure,

EST D'AVIS

Qu'il y a lieu de conserver l'usage des poteaux en bois en ligne courante, et que les appuis métalliques, dont le type doit être laissé à l'appréciation de l'Ingénieur, doivent être réservés pour les cas particuliers.

CONVIENT-IL D'EMPLOYER DES POTELETS EN BOIS OU DES POTELETS MÉTALLIQUES?

LA SECTION,

Considérant le peu de différence de prix des potelets en bois et en fer;

Considérant l'avantage, au point de vue de la légèreté et de l'élégance, présenté par les potelets en fer;

Considérant que, si l'on traverse un ouvrage métallique ou même un pont ordinaire, les potelets métalliques présentent cet avantage qu'on peut harmoniser leurs formes avec celles de l'ouvrage lui-même, de manière à ne pas le déparer,

EST D'AVIS

Qu'il y a lieu de recommander l'emploi des potelets métalliques, en laissant à l'Ingénieur le soin d'étudier le type qui convient le mieux dans chaque cas particulier.

EMPLOI DU CUIVRE OU DU FER POUR LES CONDUCTEURS ÉLECTRIQUES.

LA SECTION,

Considérant que l'oxydation des fils de cuivre est extrêmement lente et que, par suite, leur durée semble devoir dépasser de beaucoup celle des fils de fer;

Considérant que leur faible résistance électrique se prête particulièrement au fonctionnement des appareils rapides;

Considérant que, à égalité de pertes, un fil de cuivre reste utilisable alors qu'un fil de fer se trouverait paralysé;

Considérant la diminution du nombre de mélanges, conséquence de la réduction du nombre des conducteurs;

Considérant que, malgré la différence des prix de revient, les avantages signalés plus haut permettent aux fils de cuivre de soutenir la comparaison, même au point de vue financier, avec les fils de fer,

EST D'AVIS

Qu'il y a lieu de poursuivre, surtout pour les communications à grande distance, la substitution progressive et rationnelle du cuivre au fer.

TENSIONS DES FILS DE CUIVRE.

LA SECTION,

Considérant que l'expérience paraît démontrer que la prescription administrative de ne tendre les fils de cuivre qu'au 1/8 de la charge de rupture, constitue une mesure de prudence exagérée;

Considérant que les fils trop peu tendus occasionnent de fréquents mélanges;

Considérant que, si l'on tient compte du coefficient d'élasticité du cuivre, le calcul indique que les fils de ce métal se comportent sensiblement comme les fils de fer;

Considérant que les essais faits dans le département du Cher depuis plus de deux ans permettent de supposer que, avec une tension à 10 degrés égale au 1/5 de la charge de rupture, un fil de cuivre peut être posé sans précautions spéciales et, par conséquent, intercalé dans une ligne en fils de fer,

Est d'avis

Qu'il y a lieu de poursuivre activement et d'étendre les essais consistant à adopter pour la tension des fils de cuivre la même règle que pour les fils de fer;

Émet le vœu

Que les calculs, tables et graphiques présentés à ce sujet par M. Barbarat pour être annexés au rapport soient recommandés à l'attention de l'Administration.

COMMUNICATIONS TÉLÉGRAPHIQUES ET TÉLÉPHONIQUES SIMULTANÉES.

La Section,

Considérant que les résultats obtenus sur les circuits de très grande longueur appropriés en vue d'obtenir simultanément une communication téléphonique et deux communications télégraphiques n'ont donné jusqu'à ce jour que des résultats peu satisfaisants au point de vue télégraphique,

Émet l'avis

Que pour obtenir, quant à présent, un service régulier, il est nécessaire, soit d'isoler les communications téléphoniques des communications télégraphiques, soit de n'affecter un circuit téléphonique qu'à une communication télégraphique unique, en employant un seul conducteur ou bien les deux conducteurs associés en dérivation; mais qu'il convient de continuer les recherches et les essais en vue d'arriver à utiliser séparément et simultanément pour le service télégraphique les deux fils d'un circuit téléphonique, en employant par exemple le dispositif indiqué dans le rapport de la 4e section.

ÉTABLISSEMENT ET ARMEMENT DES POTEAUX EN COURBES.

La Section,

Considérant que le développement rapide du service télégraphique nécessite à des intervalles fréquents la pose de nouveaux fils sur les grandes lignes;

Considérant qu'il y a un intérêt évident à ce que l'exécution de ces travaux entraîne le moins possible de remaniements des fils déjà établis;

Considérant que ce résultat ne peut être atteint dans les parties en courbe, si la prescription administrative interdisant de poser des isolateurs sur la jambe de force n'est pas complétée par l'adoption d'un dispositif d'assemblage permettant de maintenir dans ces parties le même armement qu'en ligne droite,

ÉMET L'AVIS

Qu'il y a lieu d'étudier et d'adopter aussitôt que possible un ou plusieurs systèmes de jonction du poteau d'angle avec sa jambe de force, qui permettent de conserver sur le poteau d'angle l'armement adopté en ligne courante.

Y A-T-IL LIEU DE GÉNÉRALISER LE REMPLACEMENT DES LIGNES AÉRIENNES PAR DES LIGNES SOUTERRAINES POUR LA TRAVERSÉE DES VILLES?

LA SECTION,

Considérant que lorsque la coupure des fils ne peut être faite qu'aux guérites, cette opération est notablement retardée, au grand préjudice du service, si les guérites sont éloignées du bureau télégraphique;

Considérant qu'il est très avantageux de pouvoir disposer à un moment donné, et pour faire face à des besoins exceptionnels, de tous les fils principaux qui passent à proximité d'une ville, qu'il y a donc lieu de les introduire dans le bureau télégraphique;

Considérant que l'emploi des lignes souterraines permettrait de réaliser cette amélioration, qu'il est au contraire très difficile d'obtenir au moyen des embranchements aériens;

Considérant que l'expérience a démontré que les parties souterraines urbaines intercalées entre les diverses sections aériennes reliant deux grands centres ne constituent aucun obstacle au fonctionnement des appareils rapides;

Considérant, enfin, que les lignes aériennes urbaines chargées de nombreux fils sont souvent fort difficiles à établir, que les dérangements par mélange y sont fréquents et que, malgré toutes les précautions, elles présentent souvent un aspect disgracieux, et sont gênantes pour les riverains,

Est d'avis :

1° D'amener jusqu'au bureau les fils principaux qui passent à proximité d'une ville;

2° De recourir de préférence à l'établissement des lignes souterraines pour relier les bureaux désignés comme points de coupure.

TYPES DE PARATONNERRES À PLACER DANS LES GUÉRITES.

La Section,

Considérant que la pratique semble avoir démontré le peu d'efficacité des paratonnerres Bertsch;

Considérant que, d'après les travaux de M. Lagarde, les paratonnerres à lame d'air seraient plus efficaces et que, d'ailleurs, ils ne présentent pas, en cas de décharge, les inconvénients des paratonnerres à diélectrique solide, mais que leur construction exige encore des études;

Considérant que, d'après les résultats communiqués par M. Barbarat, les paratonnerres Varley constituent un excellent mode de préservation dans le cas d'une ligne aérienne reliée à une ligne souterraine à grande distance, et que la nécessité de remplacer le fil préservateur en cas de décharge ne peut être mise en balance avec les inconvénients qu'entraîne le foudroiement de la ligne souterraine,

Est d'avis :

Qu'il y a lieu de poursuivre activement les études en vue de la construction d'un type de paratonnerre à lame d'air et de rechercher notamment les moyens d'en assurer la parfaite étanchéité;

Qu'il y a lieu de recommander l'emploi de paratonnerres Varley dans le cas de jonction d'une ligne aérienne avec une ligne souterraine à grande distance.

EMPLOI DE TERRES DISTINCTES POUR LES FILS AÉRIENS ET SOUTERRAINS.

La Section,

Considérant qu'un ensemble d'observations semble établir que, dans les bureaux où les prises de terre des fils aériens et souterrains ne sont pas bien séparées, les décharges orageuses reçues par les fils aériens peuvent exercer une action dangereuse sur les fils souterrains,

Est d'avis

Qu'il convient d'affecter aux lignes aériennes et aux lignes souterraines deux terres bien distinctes, en se référant aux dispositions recommandées par la Conférence pour la séparation des terres télégraphiques et téléphoniques.

SUR LA QUESTION DE SAVOIR S'IL Y A LIEU D'APPORTER DES MODIFICATIONS AUX MÉTHODES ACTUELLES D'ÉTABLISSEMENT DES LIGNES SOUTERRAINES, EN VUE DE FACILITER LA RECHERCHE DES DÉRANGEMENTS ET L'ENTRETIEN,

La Section,

Considérant que l'espacement prescrit pour les chambres et regards répond à toutes les nécessités,

Est d'avis

Qu'il n'y a pas à modifier les errements actuels.

RACCORDEMENT DES LIGNES AÉRIENNES ET SOUTERRAINES.

La Section,

Considérant que l'emploi de poteaux en fer creux pour le raccordement des lignes aériennes et souterraines n'a pas donné de bons résultats; qu'en effet, ces poteaux ont souvent l'inconvénient de se tordre ou de se gondoler; que, pendant la saison chaude, la gutta-purcha qui enveloppe les fils se ramollit, d'où résultent des pertes ou des mélanges; qu'enfin l'emploi de ces appuis ne permet pas facilement les coupures et les essais des fils;

Considérant, d'autre part, que les dimensions des guérites de raccordement sont souvent insuffisantes, et qu'il arrive fréquemment que la terre des paratonnerres y soit mauvaise,

Est d'avis :

Qu'il y a lieu de renoncer, sauf dans les cas de nécessité absolue à l'emploi de poteaux de raccordement en fer creux, et qu'il convient de faire usage de guérites suffisamment spacieuses et de veiller spécialement à la parfaite installation des fils de terre;

Qu'il serait utile de compléter l'installation des guérites par l'établissement d'une communication téléphonique entre la guérite et le bureau.

EMPLOI DU TÉLÉPHONE POUR LE SERVICE RURAL.

LA SECTION,

Considérant que le téléphone permet de transmettre les correspondances avec une sécurité suffisante, même lorsqu'il en est fait emploi par un personnel peu expérimenté, et se référant sur ce point aux conclusions déjà adoptées par la Conférence;

Considérant qu'il existe des types de récepteurs et de transmetteurs qui n'exigent aucun réglage et dont les dérangements sont très rares;

Considérant qu'il sera vraisemblablement possible de placer deux, trois et même quatre postes sur le même fil, pourvu que ces postes et le bureau auquel ils sont reliés soient munis d'appareils vibratoires d'appel spéciaux à chacun d'eux;

Considérant que la fourniture d'appareils téléphoniques est moins onéreuse que celle des appareils télégraphiques auxquels ils pourraient être substitués;

Considérant les résultats satisfaisants constatés sur les lignes des canaux, dont les postes d'écluses font depuis longtemps emploi du téléphone,

EST D'AVIS :

Que, au point de vue technique, rien ne s'oppose à ce que le téléphone soit utilisé pour l'extension du réseau rural;

Qu'il y a lieu de faire des essais en vue d'associer deux, trois et même quatre localités pour l'usage commun du même fil, ce qui permettrait de réduire très notablement la dépense;

Que le réseau téléphonique rural, étant constitué à fil unique, doit être entièrement distinct du réseau télégraphique principal [1].

FOURNITURES D'APPAREILS.

LA SECTION,

Considérant que, d'après l'ensemble des déclarations reçues, les

[1] Voir à ce sujet un travail présenté par M. Barbarat.

appareils fournis dans ces dernières années ne font pas un aussi bon usage que les appareils similaires plus anciens;

Considérant que si, dans certains cas, ce résultat doit être attribué à un entretien insuffisant, cette cause seule n'expliquerait pas l'usure rapide et générale du matériel;

Considérant que les vérifications faites au moment de la réception par des agents très expérimentés, qui font le même service depuis de longues années et dont la compétence et l'expérience sont reconnues, sont aussi complètes que possible;

Mais considérant que ces vérifications, si complètes qu'elles soient, ne peuvent pas révéler la qualité inférieure des matières employées, les appareils neufs remplissant toujours au début les conditions des cahiers des charges;

Estimant que cette infériorité ne peut être attribuée qu'à l'avilissement des prix résultant de la concurrence excessive produite par l'adjudication,

Est d'avis

Que, si le système d'adjudication doit être maintenu d'une manière générale pour la fourniture du matériel télégraphique de précision, il serait utile d'effectuer de fréquentes visites dans les ateliers des adjudicataires pendant la construction et de s'assurer autant que possible de la bonne qualité des matières premières employées.

ENTRETIEN DES APPAREILS.

La Section,

Considérant qu'il importe au plus haut point, pour la régularité du service, que les appareils soient constamment entretenus en bon état de fonctionnement;

Considérant que cet entretien n'est pas suffisamment assuré par les commis mécaniciens, lesquels ne doivent s'en occuper qu'en dehors de leurs heures normales de service, et ne possèdent généralement pas l'habileté manuelle nécessaire,

Est d'avis :

1° Que, sauf exceptions résultant de la proximité d'un grand centre ou du peu d'importance relative du service télégraphique, chaque département soit doté d'un mécanicien au moins;

2° Que, outre les réparations exécutées à l'atelier, le mécanicien départemental fasse des tournées périodiques dans les bureaux pour effectuer sur place les opérations d'entretien._

CHOIX, MONTAGE ET ENTRETIEN DES PILES DANS LES GRANDS BUREAUX.

LA SECTION,

Considérant que la pile Callaud est la seule pile économique à faible résistance dont la surveillance soit facile;

Considérant que le modèle à spirale, dont la résistance est très réduite, convient spécialement pour les piles dites *locales*;

Considérant que le mode de montage et d'entretien des éléments Callaud laisse, en général, beaucoup à désirer; que les précautions à prendre à cet effet sont cependant connues, et ont été notamment rappelées, au sein de la Section, par MM. Baudot, Carême, Godfroy et Willot; que ces précautions ne donnent lieu à aucune difficulté en pratique,

EST D'AVIS

Que la pile Callaud (grand modèle) est jusqu'à présent celle qui convient le mieux pour le service des grands bureaux.

CHOIX, MONTAGE ET ENTRETIEN DES PILES DANS LES PETITS BUREAUX.

LA SECTION,

Considérant que la pile Leclanché, du modèle ordinaire, a une résistance assez élevée et manque de constance, mais que ces deux inconvénients, d'ailleurs négligeables pour le service des petits bureaux, sont largement compensés par les facilités que présentent le montage et l'entretien;

Considérant toutefois que, contrairement à ce qui a lieu en général, il importe de renouveler complètement le liquide une fois par an environ, au lieu de se borner à ajouter indéfiniment de l'eau et du sel ammoniac,

EST D'AVIS :

Que la pile Leclanché, du modèle ordinaire, convient parfaitement pour le service des petits bureaux; .

Qu'il y a lieu de prescrire de démonter les éléments Leclanché, de les nettoyer et de les remonter avec du liquide neuf, après une durée de service qui pourrait être fixée à une année.

MONTAGE DES PILES EN « ÉCHELLE D'AMSTERDAM ».

La Section,

Après avoir entendu lecture d'une note de M. Carème sur le montage des éléments de pile du poste central d'après le système dit « échelle d'Amsterdam », et ouï les renseignements fournis par plusieurs membres sur des installations analogues existant dans des bureaux de province;

Considérant que ce système permet, dans les bureaux d'une certaine importance, de réaliser une économie considérable, tant au point de vue de la dépense pour le montage et l'entretien des éléments qu'au point de vue de l'emplacement à réserver pour la pile; que l'entretien est plus commode, puisqu'il peut s'effectuer sur chaque série d'éléments successivement, sans que le service des transmissions en soit sensiblement affecté; qu'enfin, dans le cas où une perte se manifeste sur un fil, il suffit, pour augmenter instantanément la force électromotrice dans une proportion convenable, de puiser l'électricité à un autre nœud de la pile,

Considérant, d'autre part, que le système dont il s'agit ne permet d'utiliser qu'un des pôles de la pile; que, dès lors, on se trouve, pour les bureaux de province munis d'appareils Hughes, dans la nécessité d'employer une seconde pile pour faire usage du courant négatif dans les relations avec Paris, si l'on doit, sur ce dernier point, continuer à se conformer aux errements actuels; mais que cet emploi du courant négatif n'a plus aujourd'hui de raison d'être là où les Hughes sont munis du déclenchement automatique, ce qui constitue la grande majorité des cas,

Est d'avis :

Qu'il y a lieu d'étendre l'emploi du montage des piles en échelle d'Amsterdam à tous les bureaux où l'importance du service télégraphique rendrait cette mesure avantageuse;

Qu'il y a lieu de prescrire l'emploi exclusif du courant positif pour les transmissions au Hughes, au fur et à mesure de l'adaptation du déclenchement automatique aux appareils existants.

REMPLACEMENT DES PILES PAR DES MACHINES DYNAMO-ÉLECTRIQUES OU PAR DES ACCUMULATEURS.

LA SECTION,

Après avoir entendu lecture d'une note de M. Godfroy sur les essais entrepris au Poste central pour substituer aux piles soit une machine dynamo-électrique, soit des accumulateurs;

Après avoir entendu, sur le même sujet, les renseignements fournis tant par plusieurs membres que par M. Picard, commis au Poste central, auteur de la proposition d'emploi d'une dynamo;

Considérant, en ce qui concerne la dynamo, que les résultats obtenus en desservant quarante-trois fils ont été satisfaisants pendant leur durée, qui n'a pas été moindre d'une année; que le prix de revient du courant a été à peu près le même qu'avec la pile montée en échelle d'Amsterdam, mais paraît pouvoir être sensiblement réduit; que la dynamo a l'avantage de n'exiger qu'un emplacement exigu; qu'elle a l'inconvénient d'être soumise à des causes d'arrêt d'origines diverses, mais que les chances d'arrêt peuvent être rendues minimes, et qu'il est possible d'obvier à un accident de ce genre au moyen d'accumulateurs chargés par la dynamo elle-même;

Considérant, en ce qui concerne les accumulateurs, qu'on a pu, pendant un temps assez court, obtenir de certains types un fonctionnement régulier, mais que toutes les questions concernant le prix de revient, l'usure des plaques de plomb, le type le plus favorable, etc., sont bien loin d'être résolues,

EST D'AVIS :

Qu'il y a lieu de continuer et d'étendre à un plus grand nombre de fils les essais relatifs à l'emploi d'une machine dynamo-électrique, en conservant, à titre de secours, une batterie d'accumulateurs chargée et pouvant lui être facilement et promptement substituée à l'aide d'un commutateur [1].

[1] Voir la note rédigée sur cette question par M. Godfroy.

**SUR LA QUESTION DES MOYENS À EMPLOYER POUR AUGMENTER LE RENDEMENT
DES LIGNES SOUTERRAINES À GRANDE DISTANCE.**

La Section,

Après avoir entendu lecture : 1° d'une note de M. Godfroy « sur une méthode et des appareils de compensation et de décharge automatiques pour le travail sur les lignes télégraphiques, dont la capacité n'est pas négligeable (lignes souterraines et sous-marines et longues lignes aériennes) »; 2° d'une note de M. Baudot, analysant l'action nuisible des courants telluriques et de l'induction entre fils d'une même ligne souterraine, aussi bien pour le fonctionnement des appareils Hughes que pour celui des relais intermédiaires, et indiquant comme remèdes : l'emploi d'un courant de repos; le fractionnement de la ligne avec relais intermédiaires, tous les 150 kilomètres; l'affectation, quand cela est possible, d'un conducteur à la transmission dans un seul sens;

Considérant que les moyens proposés sont très rationnels, et que, en particulier, celui de M. Godfroy, déjà appliqué sur plusieurs lignes, a donné de bons résultats,

Est d'avis

Qu'il y a lieu de continuer et d'étendre les essais des dispositifs indiqués par M. Godfroy et par M. Baudot,

Et remet leurs mémoires au bureau de la Conférence.

RAPPORTS DES SECTIONS.

1ʳᵉ SECTION.

PRÉSIDENCE DE M. BELZ, INSPECTEUR PRINCIPAL.

RÉSEAUX TÉLÉPHONIQUES AÉRIENS.

APPUIS DIVERS. — CHOIX DES MATÉRIAUX.

M. Schaeffer, sous-ingénieur, *rapporteur*.

Les appuis spéciaux en usage pour les réseaux téléphoniques peuvent être distingués par la nature de la matière employée, fer ou bois. La première catégorie a cet avantage de présenter une variété de types pouvant s'adapter aux différents genres de tracés ; la seconde, au contraire, est exclusive et réfractaire à toute modification d'ensemble, sinon de détail.

Notre rapport sera donc divisé en deux parties : dans la première nous ferons une revue sommaire des diverses sortes d'appuis métalliques ; dans la seconde nous traiterons des appuis en bois pour finir par une comparaison avec les précédents, et conclure à une préférence motivée.

1ʳᵉ CATÉGORIE. —— APPUIS EN FER.

Ces appuis peuvent se ramener à trois types principaux :

1° La herse proprement dite ;

2° L'appui multiple ;

3° L'appui simple.

Conférence technique.

7

1ʳᵉ classe : Herse. — Réseaux de Reims, Troyes, Nancy, etc.

La herse est essentiellement formée de deux fers verticaux parallèles, sur lesquels sont boulonnées des traverses horizontales supportant les isolateurs. Il est clair que tout modèle de fer se prête à la constitution d'une herse, mais que certains profils donnent le maximum de légèreté, leur disposition offrant les meilleures conditions de travail; ils doivent d'ailleurs permettre l'emploi exclusif des assemblages à boulons.

Un type de fer recommandable est le fer en U, de calibre variable suivant les circonstances; on a ainsi, pour les montants verticaux, deux fers égaux formant le rectangle fendu, pour les traverses horizontales, deux fers se tournant le dos, dans l'intervalle desquelles sont boulonnés les isolateurs. C'est le système André.

L'inconvénient que la Section a cru y reconnaître consiste dans l'obligation d'employer des consoles spéciales qui élèvent à 1 fr. 45 ou 1 fr. 70 le prix total de l'isolateur pour la herse ou le potelet, à l'exclusion des types de l'Administration, lesquels ne valent, au complet, que 50 centimes pour la console courte et 60 centimes pour la console longue.

Les herses se prêtent fort bien aux développements ultérieurs, soit en hauteur, par l'augmentation du nombre des traverses, soit en largeur par l'allongement de ces dernières; elles offrent en outre l'avantage de ne comporter que deux montants scellés. Mais elles s'adapteraient difficilement à tous les tracés, en raison des obstacles que trouverait sur les toits l'extension dans un sens quelconque d'une nappe de fils horizontale.

2ᵉ classe : Appui multiple. — Réseaux de Cannes, Nice.

Cet appui est formé de deux ou plusieurs potelets verticaux assemblés par des traverses; c'est l'analogue de l'appui des lignes télégraphiques, doubles ou triples.

Comme pour la herse, il peut avantageusement être fait usage de fers en U, de calibres convenables, se tournant le dos; les isolateurs sont disposés de part et d'autre des faces libres, les consoles à cheval sur ces deux faces et maintenues par des boulons engagés dans l'intervalle des fers.

Ce type se différencie donc du précédent par l'armement vertical, l'adoption de consoles courtes et longues en alternat permettant d'ailleurs d'installer un nombre de fils double de celui que comporterait la hauteur des potelets.

Il est même possible, en employant alternativement des tiges courtes en S et longues en U, et *vice versa*, de réduire de moitié le nombre des boulons et de grouper quatre isolateurs autour de deux boulons; ce groupement, qui toutefois abaisse à près de 3o centimètres l'écartement des deux isolateurs de même côté, peut sans inconvénient être généralisé dans le cas du double fil. Il est, au surplus, d'un effet agréable à l'œil.

Les traverses d'assemblage consisteraient en fer méplat pénétrant dans les intervalles des fers en U des potelets.

Le système de l'appui multiple a été appliqué indifféremment aux murs de pignon ou de refend, ou aux fermes en bois des toitures, en prenant les précautions nécessaires en ce qui concerne le sourdinage. Il se prête aux extensions ultérieures par l'adjonction de potelets, et présente sur la herse l'avantage d'un moindre développement horizontal.

3e classe : Appui simple.

L'appui simple généralisé serait constitué comme le potelet ci-dessus, et armé dans des conditions identiques. Moins lourd que les assemblages, aisé à adapter à tout tracé, il constitue évidemment la solution la moins compliquée du problème des appuis téléphoniques.

Mais l'inconvénient de son adoption exclusive saute aux yeux : c'est la multiplicité des points d'appui et l'extension du réseau dans toutes les directions.

En résumé, sans parler des accessoires communs, tels que haubans, plaques et rondelles de sourdinage, chacun des systèmes qui viennent d'être décrits présente des avantages et des inconvénients. En outre, le prix de revient moyen par isolateur est très sensiblement le même, légèrement supérieur toutefois pour la herse et pour l'appui multiple pour lesquels il atteindrait 2 fr. 90 et 2 fr. 94, alors que pour le poteau simple, il ne s'élèverait guère qu'à 2 fr. 70.

Dans ces conditions, la Section n'a pas jugé à propos de marquer une préférence, et a cru devoir laisser toute initiative à l'Ingénieur dans l'adoption exclusive ou simultanée des types précédents, recommandant toutefois de faire usage, autant que possible, du matériel de l'Administration.

2ᵉ CATÉGORIE. — APPUIS EN BOIS.

Réseaux de Lille, Roubaix, Tourcoing, Limoges, etc.

Il est évident, et il peut être posé en principe, que la herse constitue le seul type d'appui en bois applicable.

Dans le Nord, le caractère léger des constructions de maisons, avec toitures très basses et pignons en briques, l'absence presque générale de murs de refend et de fermes, rendraient trop dangereux et difficile l'emploi de tout système à scellements. Aussi les réseaux téléphoniques de la région nord sont-ils caractérisés, en dehors de l'emploi du bois, par un mode tout particulier d'attache aux maisons. La herse est, pour ainsi dire, simplement posée, à l'aide d'une selle, à cheval sur les deux versants de la toiture, et maintenue en place par un nombre suffisant de haubans en fer. Il est clair que le fer, comme le bois, aurait pu servir à la constitution d'un pareil assemblage; et il est établi, d'autre part, que l'assemblage en fer ne pèserait pas plus que la herse en bois et que le prix de revient n'en serait guère plus élevé. En présence de la durée problématique du bois, quelles sont donc les raisons qui ont pu déterminer l'emploi de cette matière? C'est que dans le Nord, par exemple, on a trouvé facilement du bois d'excellente qualité, d'un bon marché exceptionnel et qui a pu être façonné par les ouvriers d'équipe.

Ces raisons ont été prises en considération par la Section, qui, en recommandant absolument l'usage des appuis en fer, a néanmoins admis pour certains cas spéciaux le bénéfice d'une exception.

Au cours des séances, plusieurs membres de la Section ont manifesté le regret de n'être pas munis d'albums de dessins et croquis cotés des différents types d'appuis téléphoniques, avec leurs détails. Ces albums, tenus à jour par l'adjonction des dessins transmis par les uns et les autres, seraient mis à la disposition des fonctionnaires techniques et consultés avec fruit par tous ceux qu'intéresse la question si complexe des réseaux téléphoniques. En publiant ces dessins, l'Administration mettrait un terme à bien des hésitations et des démarches préalables.

Pour ces différents motifs, la Section a émis un vœu unanimement favorable à la création de ces albums, dont un exemplaire serait laissé à la disposition de chaque fonctionnaire technique intéressé à le posséder.

TOURELLES.

M. Massin, sous-ingénieur, *rapporteur*.

Dans un réseau téléphonique la tourelle est le point de départ des nappes de fils qui vont, par une série d'appuis, diverger dans toutes les directions. Elle peut donc être considérée comme formée d'appuis rapprochés au point de se toucher et d'être solidaires les uns des autres.

Il en résulte que les types de tourelles varient avec les types d'appuis, et que, comme pour les appuis, la 1re section n'a pas cru devoir préconiser tel ou tel système, mais bien laisser toute latitude pour l'installation des tourelles.

Ces préliminaires posés, nous pouvons énumérer les idées générales qui ressortent de la discussion à laquelle se sont livrés les membres de la Section.

Substruction des tourelles. — Généralement on profitera de murs de refend pour surélever par quatre piliers une plate-forme sur laquelle on installera la tourelle proprement dite.

Si l'on ne peut utiliser une semblable disposition, un pont sera jeté entre deux murs de refend éloignés et sur ce pont s'élèvera une charpente qui se terminera par la tourelle, ou bien celle-ci sera placée au sommet d'un tronc de pyramide dont la base reposera sur les murs mêmes de la maison; enfin des cas particuliers se présenteront qui, comme à Lille, permettront de trouver des solutions originales et économiques.

Tourelles. — La forme de la tourelle dépendra de sa position par rapport aux abonnés à desservir. Ce sera une charpente prismatique fermée ou ouverte suivant les cas, le nombre des faces variant avec l'importance de la tourelle et la nature des appuis adoptés, herses, poteaux jumelés ou poteaux isolés; mais on s'attachera à maintenir les nappes de fils verticales jusque sur la tourelle même, et à éviter ainsi tout désordre dans les faisceaux qui y aboutissent.

Il résulte de là que le nombre des fils n'influera pas sensiblement sur la hauteur de la tourelle, mais seulement sur sa section; la construction n'en sera d'ailleurs que plus stable.

Sur les faces de la tourelle, les isolateurs seront, suivant le système d'appuis adopté, boulonnés sur des traverses horizontales ou sur des potelets verticaux.

La rigidité de l'ensemble sera assurée :

1° Par des montants intermédiaires ou des ceintures horizontales ;

2° Par la fixation des extrémités des montants ou des potelets, d'une part sur la plate-forme inférieure, d'autre part sur les côtés d'un polygone rigide placé au sommet du polyèdre;

3° Par des tendeurs à lanterne que l'on déplacera suivant les besoins, et qui, en reliant intérieurement la plate-forme au polygone supérieur, s'opposeront à la traction des faisceaux de fils, et assureront aux faces de la tourelle une position normale par rapport à sa base.

La tourelle sera couverte d'un toit et munie d'un paratonnerre.

Entrée des câbles sous plomb. — Les précautions à prendre pour la jonction des fils nus avec les câbles sous plomb sont indiquées dans un autre rapport. Les câbles monteront le long des montants ou des potelets, qu'ils quitteront à leur partie supérieure pour s'engager respectivement dans des entailles disposées suivant les rayons du cylindre circonscrit, et pratiquées sur les côtés d'un cadre polygonal en bois.

De là ils convergeront horizontalement vers un cylindre en tôle galvanisée, placé dans l'axe de la tourelle, et se rendront par une gaine aux paratonnerres. Grâce au toit qui recouvre complètement l'entrée des fils, aucune infiltration d'eau ne pourra se produire.

Cette solution ne s'applique pas aux tourelles en bois, qui ne sont généralement pas couvertes; dans ce cas, on pourra adopter un caniveau avec couvercle mobile, longeant le pied des montants et recevant les câbles pour les conduire à l'intérieur.

Câbles aériens. — Le nombre des fils que peut recevoir une tourelle est limité et l'on ne saurait pratiquement, et à moins d'une disposition des lieux toute spéciale, en admettre plus de 800.

Même dans ces conditions, la multiplicité des appuis ou leurs dimensions ne laisseront pas que de présenter de graves inconvénients, et la question de l'emploi des câbles aériens a dû être agitée. Les renseignements recueillis à cet égard n'ont pas été favorables; cependant, s'appuyant sur les améliorations récentes obtenues dans la fabrication des câbles recouverts de caoutchouc, depuis que l'établissement des lignes d'éclairage a généralisé l'usage de ces conducteurs, la 1re section a émis le vœu que l'Administration étudiât un modèle de câble aérien pour réseaux téléphoniques.

Tourelles annexes. — Au-dessus de 800 fils, il y a lieu de rechercher des moyens spéciaux pour amener les fils des abonnés jusqu'au bureau central.

On emploiera avec avantage des tourelles annexes sur lesquelles viendront se grouper les fils des abonnés et que des lignes en câble relieront au bureau central.

Où seront placées ces tourelles? Sur des maisons dont on louera une mansarde pour installer les paratonnerres? On s'exposerait aux exigences croissantes de la part du propriétaire, le loyer à payer étant hors de proportion avec les frais qu'occasionnerait un déplacement de la tourelle. D'un autre côté, la construction sur une promenade publique d'un piédestal de 25 ou 30 mètres, qui recevait la tourelle, ne serait ni gracieuse ni économique.

Il sera évidemment préférable d'installer la tourelle sur un des nombreux bâtiments municipaux que l'on rencontre dans une ville importante; les réseaux téléphoniques sont d'un tel avantage pour les villes qui en sont dotées, que l'Administration est en droit d'attendre des municipalités le concours le plus empressé.

CONDITIONS GÉNÉRALES D'ÉTABLISSEMENT
DES RÉSEAUX TÉLÉPHONIQUES URBAINS.

M. FROUIN, sous-ingénieur, *rapporteur*.

Tracé des lignes. — Dans le cas, toujours à souhaiter, où le réseau comporte un seul bureau central, les fils doivent partir de la tourelle de concentration en formant le plus grand nombre possible de lignes artères divergentes, alors même que le nombre des fils à poser pour relier les divers abonnés ne nécessite pas absolument l'installation de toutes ces lignes.

Les frais de premier établissement ne sont accrus que légèrement; en revanche, on équilibre plus exactement les tractions exercées sur la tourelle sans employer de haubans extérieurs et l'on se place dans des conditions plus favorables pour l'extension future du réseau.

Fils de réserve. — La pose à partir de la tourelle de fils d'attente, utilisables suivant les besoins, facilite dans une très large mesure les opérations ultérieures; mais il est nécessaire que la direction de ces fils d'attente soit choisie judicieusement et après un sérieux examen des circonstances locales; car on immobilise ainsi un certain matériel sans savoir exactement à quel moment on l'utilisera; ce matériel a peu de valeur, il est vrai. De plus, en posant simultanément un certain nombre de fils, au lieu de les poser successivement en nombre égal ou même en nombre moindre, on réalise une économie très appréciable; c'est pourquoi, la Section a été amenée à proposer d'établir dans chaque direction un certain nombre de fils d'attente, le quart environ du nombre des conducteurs immédiatement utilisés; ces fils seraient arrêtés aux appuis successifs.

Double fil. — Dans les réseaux à fil simple, les terres des extrémités donnent naissance à un crépitement désagréable; cet inconvénient disparaît par l'emploi d'un circuit entièrement métallique.

Le circuit à fil unique se raccorde mal au circuit à fil double employé pour les communications interurbaines; cette difficulté n'existe pas lorsqu'on a un fil de retour.

Enfin sur les circuits à deux fils, l'induction mutuelle est atténuée dans une assez large mesure.

Il a donc paru à la Section que l'accroissement des frais d'installation n'était pas comparable aux avantages réalisés par l'emploi de réseaux à fil double, et, par suite, elle est d'une manière générale favorable à ce système.

Toutefois le circuit entièrement métallique n'est proposé que pour les villes ayant un intérêt sérieux à être reliées téléphoniquement avec d'autres réseaux.

Nature et diamètre des fils. — Le fil de bronze se conserve beaucoup mieux que les fils de fer ou d'acier dans le voisinage de la mer, des usines, des cheminées, etc.; il résiste presque aussi bien qu'eux au vent, à la neige et au givre; il semble donc devoir être employé exclusivement pour la construction de tous les réseaux téléphoniques aériens.

Mais le fil de 11/10, actuellement adopté dans presque tous les réseaux urbains, paraît avoir une résistance électrique trop élevée pour permettre d'établir, dans de bonnes conditions, des communications interurbaines à partir des postes d'abonnés. Ainsi, dans les grandes villes, il est fréquent qu'un abonné habite à 2 kilomètres du bureau central; sa ligne en fil double a alors une résistance de 200 ohms.

Si deux abonnés, dans ces conditions, demandent à communiquer par le circuit Paris-Marseille, qui a 1,700 ohms, on voit que la résistance de ligne est augmentée de 1/4 par les lignes locales; cet accroissement diminuant notablement la netteté de l'audition et même la facilité des appels, il semble nécessaire, pour les réseaux des villes susceptibles d'obtenir des communications interurbaines, d'employer un type de fil de meilleure conductibilité électrique que le fil téléphonique de 11/10.

D'autre part, la résistance mécanique élevée de ce fil est peut-être exagérée.

La Section propose la création d'un type de fil de bronze d'une conductibilité électrique supérieure à 30 p. 100 de celle du cuivre pur et d'un diamètre voisin de 0 m. 0015.

Pour les villes n'ayant aucune chance de posséder une communication interurbaine, le réseau local pourrait être construit en fil de 11/10 du type actuel.

Portées et tensions. — La Section adopte les distances de 80 à 120 mètres pour portées normales sur les toitures, et de 80 mètres pour les lignes sur poteaux; elle admet une tension égale au 1/6 de la charge de rupture à 15 degrés. A cette température, le fil de 11/10 sera donc tendu à 11 kilogrammes et aura une flèche de 64 centimètres pour une portée de 80 mètre.

Isolateurs. — Les types actuellement en usage (25/11, 25/12, 25/13, etc.) répondent aux besoins du service; mais, par suite de l'adoption de la sourdine de Paris, il y a lieu d'écarter un peu l'oreillette de la tête de l'isolateur pour permettre la mise en place du manchon formant sourdine.

Écartement des fils. — L'écartement entre les fils paraît pouvoir être fixé à 40 centimètres dans les réseaux à fil simple, et à 25 centimètres dans les réseaux à fil double.

Moyens de combattre l'induction mutuelle. — La Section constate qu'actuellement le seul moyen recommandable en vue d'atténuer l'induction est l'emploi du double fil.

Conditions résultant de la coexistence de plusieurs fils électriques dans la même localité. — Pour éviter les inconvénients de l'action d'un fil sur un autre, dus à l'induction aussi bien qu'aux pertes par les appuis, on doit proscrire la pose de fils téléphoniques sur des appuis portant déjà des fils télégraphiques de nature quelconque, et, à plus forte raison, de fils de lumière ou de transport de force.

Le croisement des fils du réseau téléphonique avec les autres fils électriques devra toujours être effectué à angle droit, le changement de direction ayant lieu au moins 20 à 25 mètres avant et après le point de croisement, la distance verticale entre les fils en ce point devant être telle qu'aucun mélange ne soit à redouter.

Déroulement. — Jusqu'ici le déroulement à la bobine n'avait pu être généralisé pour le fil de bronze, par suite de la nécessité de procéder à un embobinage préalable. Mais, d'après le nouveau cahier des charges imposé aux fournisseurs, le fil de bronze devra être livré à l'Administration en couronnes d'un type uniforme pour chaque espèce de fil ; on pourra donc facilement poser la couronne sur la bobine et effectuer un déroulage immédiat.

Soudure. — On doit se servir, pour souder, d'un métal facilement fusible, de façon à éviter tout échauffement exagéré du fil, qui pourrait entraîner sa rupture. Dans le même but, la soudure au fer, où l'on connaît très imparfaitement la température, ne sera employée que pour réparations, ou lorsqu'on aura un très petit nombre de fils à raccorder ; en toute autre circonstance, on préférera la soudure à la cuiller.

L'emploi d'étain pur serait peut-être aussi simple que celui de la soudure spéciale, et l'essai mériterait d'être fait.

En outre, la Section croit que les manchons devraient être étamés avant leur emploi, afin d'assurer plus parfaitement la prise de la soudure. Pour rendre le raccordement plus solide, il est recommandé d'enrouler le bout de chaque fil aux deux extrémités du manchon : trois ou quatre spires suffisent.

Soudure sur l'isolateur. — Quand le joint de deux couronnes tombera sur un isolateur, les deux fils seront arrêtés sur le support et leurs deux extrémités libres tordues l'une sur l'autre au-dessus de la porcelaine et soudées.

Arrêtage, ligaturage. — On doit proscrire absolument tout arrêtage ou ligaturage des fils de bronze à l'aide de fils de fer.

Pour ne pas couper ou blesser le fil de ligne, la ligature doit être faite avec un fil plus mou : le fil de cuivre de 1 millimètre a paru le plus convenable pour ligaturer tous les conducteurs destinés aux réseaux urbains.

Sourdines. — De nombreux types de sourdines ont été employés ; ceux qui exigent une coupure sur le fil de ligne paraissent devoir être écartés pour éviter de trop nombreuses soudures sur d'aussi petits fils.

On utilise comme sourdines de doubles plaques de caoutchouc et de plomb qu'on place partout où deux pièces sont serrées l'une contre l'autre : entre la tige de l'isolateur et le montant qui la supporte; entre le montant et la charpente sur laquelle il est fixé. Une sourdine simple est formée d'une bande de plomb de 1 milli- mètre d'épaisseur, enroulée sur elle-même autour du conducteur de chaque côté de l'appui sonore et des appuis immédiatement voisins; on augmente le nombre de ces étouffoirs suivant les besoins; la lame de plomb peut être remplacée par du fil de plomb de 2 millimètres.

Un autre modèle d'un prix un peu plus élevé, mais qui a donné d'excellents résultats, est employé à Paris. Cette sourdine se com- pose d'une couche de chanvre enroulée autour du fil de ligne à son point de contact avec l'isolateur; un tube de caoutchouc, fendu lon- gitudinalement, recouvre le chanvre qu'il est destiné à protéger; le caoutchouc est à son tour enveloppé par une lamelle de plomb de 0,7 à 1 millimètre d'épaisseur. Enfin tout le système est maintenu par un toron de trois brins de fil à ligature enroulé en spirale autour du plomb et formant un collier dans lequel s'engage la tête de l'isolateur. Dans la partie formant collier, le toron est lui-même recouvert d'une enveloppe de chanvre, caoutchouc et plomb.

Ces types, suivant les cas, sont employés isolément ou simulta- nément.

Durée probable des diverses parties de la ligne. — L'usage des fils de bronze est récent, les plus anciens ont à peine sept ou huit ans; leur aspect extérieur, leur résistance mécanique et leur conductibilité ne se sont pas sensiblement modifiés depuis cette époque; à défaut de données plus certaines, leur état de conservation permet de leur assigner une durée minima de quinze ans.

On peut estimer que les appuis sur toiture auront une existence égale à celle des appuis de même substance placés sur les lignes. On trouve ainsi une durée de vingt ans pour les appuis en fer et de douze ans pour les appuis en bois; on augmenterait la durée de ces derniers en les injectant au sulfate de cuivre ou à la créosote.

Préservation. — Les fers seront passés au minium, et les bois recouverts de couches de peinture qu'on renouvellera quand il sera nécessaire.

Entrée de poste chez les abonnés. — La commission estime que l'entrée de poste doit se faire à l'aide d'un câble sous plomb dont le conducteur est soudé au fil de ligne. L'extrémité de ce câble est dépouillée de son enveloppe de plomb, et une certaine longueur de la partie dont la gutta est ainsi mise à nu, est logée sous la cloche de l'isolateur; si l'on n'a pas la précaution de tenir ainsi à l'abri une partie du câble, les pertes à la terre sont à craindre par des temps humides.

Paratonnerres. — Pour prévenir toute chance d'accident, il conviendra de placer des paratonnerres, non seulement au bureau central, mais aussi chez tous les abonnés, et cela sur chaque fil dans le cas d'un réseau à fil double.

Le paratonnerre à lame d'air semble d'ailleurs devoir être préféré à tout autre : de construction simple et peu coûteuse, il n'exige aucun entretien, et a été reconnu très efficace partout où il a été employé.

Rosaces. — Un tableau de permutation des fils paraît nécessaire. La rosace circulaire suffit quand il s'agit de quelques centaines de fils; une rosace double permet de desservir 8oo fils; au delà, il faudra recourir à des dispositifs spéciaux qu'il conviendrait d'étudier, et qui devront, entre autres conditions, permettre un très large accroissement du nombre des fils sans exiger de remaniements importants.

Outillage. — Des modèles d'outils appropriés aux travaux spéciaux de construction des réseaux téléphoniques urbains devront être étudiés.

Équipes. — Les ouvriers de l'Administration sont chargés non seulement de la construction mais aussi de l'entretien des réseaux téléphoniques. En ce qui concerne l'entretien, un ouvrier paraît nécessaire par chaque centaine d'abonnés ; de plus, pour l'entretien dès piles, il faudra un piliste spécial dès que le nombre des abonnés atteindra 4oo.

L'équipe d'entretien d'un réseau de 4oo abonnés devra donc se composer d'un surveillant, d'un piliste et de trois ouvriers auxquels on adjoindra, si besoin est, des ouvriers d'état à titre temporaire.

Vœu. — Enfin la Section émet le vœu que l'Administration assure contre les accidents les ouvriers, même temporaires, qu'elle occupe aux travaux sur les toitures.

RÉSEAUX TÉLÉPHONIQUES SOUTERRAINS

EN ÉGOUT ET EN TRANCHÉE.

M. Barbarat, inspecteur-ingénieur, *rapporteur.*

I. Lignes en égout du réseau de Paris.

Le réseau de Paris est le seul construit en câbles posés dans les égouts. Les renseignements détaillés qui suivent se rapportent à ce réseau et ont été fournis par les fonctionnaires du service de la région de Paris.

Câble employé. — Le câble employé est à 14 conducteurs recouverts de gutta et coton. Il est protégé par un tube en plomb; le diamètre total est d'environ 18 à 20 millimètres.

La Ville autorise l'occupation, sur la voûte des petits égouts, d'une zone de 15 centimètres, et sur celle des grands égouts, d'une zone de 30 centimètres de développement linéaire. La saillie, primitivement fixée à 4 centimètres, a pu fréquemment atteindre par tolérance 8 centimètres, et même, en quelques points, 12 centimètres.

Supports. — Pour fixer les câbles à la voûte, on se sert de divers modèles de crampons, équerres ou crochets suivant le nombre de câbles à poser. Pour les plus petites lignes on commence par des crampons pouvant recevoir trois câbles et placés à 70 centimètres ou 1 mètre au plus de distance les uns des autres, enfoncés au marteau dans le revêtement de l'égout.

Pour les lignes plus fortes, on emploie une équerre en fer, à section arrondie, scellée au ciment, pouvant recevoir en hauteur 8 câbles, soit en tout 16 ou 24 suivant que la saillie est de 2 ou 3 câbles. Quand on a un plus grand nombre de conducteurs à poser, on se sert de ferrures spéciales à trois crochets supportant en tout 33 ou 44 câbles. Les ferrures scellées sont généralement placées à 60 ou 70 centimètres d'écartement.

Épissures. — Les épissures se font de la manière suivante : après avoir raccordé les fils un à un et refait à la manière ordinaire l'enveloppe de gutta, on recouvre le tout de ruban de chanvre, puis on fait glisser la soudure sur un manchon de plomb qui dépasse de chaque côté les bouts des câbles à réunir.

Pour éviter la pénétration de l'eau qui serait très nuisible, on loge entre le plomb des câbles et le plomb du manchon deux rubans en caoutchouc vulcanisé. Chacun de ces joints est encore recouvert de ruban goudronné ligaturé avec du fil de fer. Les câbles sont numérotés aux épissures avec des jetons en zinc attachés avec un fil de plomb ; c'est là qu'on les coupe pour la localisation des dérangements.

Accidents à surveiller. — La ligne est soumise à diverses causes de destructions accidentelles. Le service des eaux détériore les câbles en faisant les joints de ses tuyaux, les égoutiers les brûlent en accrochant leurs lampes, ou en percent le plomb avec le crochet de suspension ; cet accident est analogue à celui qui est produit dans les tunnels par les ouvriers de la voie. Les rats les rongent pour atteindre à la gutta dont ils sont friands ; aussi faut-il éviter de mettre les câbles trop près des conduites d'eau sur lesquelles ces animaux peuvent courir. Il est aussi arrivé que les câbles ont été brûlés par la vapeur provenant de chaudières vidées directement à l'égout ; en pareil cas, si l'on retrouve l'auteur du dégât, on lui fait payer la réparation, car la vidange directe des chaudières à l'égout est interdite, à moins de laisser refroidir l'eau. Mais tous ces accidents sont difficiles à éviter.

Raccordement avec les abonnés. — La ligne à 14 fils est continuée par un câble à 2 conducteurs sous plomb, qui va jusqu'au domicile de l'abonné. La soudure se fait toujours à l'extrémité du câble à 14 fils et jamais en ouvrant l'enveloppe de plomb sur le côté ; aussi ce câble à deux conducteurs est-il quelquefois assez long. En général, on entre dans les maisons par le sous-sol en suivant le branchement d'égout ; si ce branchement n'existe pas, on passe sous le trottoir au moyen d'un fourreau de fonte, et le câble pénètre chez l'abonné par la façade; alors il reste protégé par un tube en fer jusqu'à une hauteur de 3 mètres au-dessus du trottoir.

Prix de revient. — Le prix de revient par kilomètre du câble à 14 fils posé sur équerres s'élève à environ 3,750 francs, dont 3,600 pour le câble, et 150 francs pour fourniture et pose des équerres et mise en place des conducteurs. (Les équerres supportant 24 câbles, 1/24 de leur prix seulement est compté pour chacun d'eux.)

Le kilomètre de circuit à 2 conducteurs revient ainsi à 535 francs.

D'après les renseignements fournis, la longueur moyenne des lignes d'abonnés est de 1,350 mètres à double fil, et le prix est de 850 francs, soit 630 francs par kilomètre. L'augmentation de 95 francs (soit 0 fr. 0,095 par mètre) sur le prix du kilomètre de circuit en câble à 14 conducteurs provient des raccords en câble à 2 fils nécessaires pour arriver jusque chez les abonnés. On comprend en effet que ce câble revienne plus cher que 2 fils pris dans un câble à 14 conducteurs; il coûte 720 francs par kilomètre, pose non comprise.

Mais il faut ajouter ici que le prix moyen des lignes d'abonnés doit être majoré d'une part proportionnelle dans les lignes auxiliaires qui relient les douze bureaux centraux de Paris les uns aux autres.

La longueur moyenne ci-dessus de 1,350 mètres passe de ce fait à 1,750 mètres, et le prix moyen, de 850 à 1,100 francs.

Il est bon de signaler combien est considérable l'augmentation de prix qui provient des fils auxiliaires, augmentation qu'au premier abord on serait porté à croire peu importante.

Propositions. — De l'examen de ces prix, il ressort immédiatement que le câble entre pour la plus grande part dans les frais d'installation; or on ne peut espérer de diminution importante du côté des frais de pose pour les lignes en égout; on ne peut pas davantage diminuer le prix du câble en réduisant son calibre, lequel serait plutôt trop faible.

En particulier, le câble actuel de la Compagnie des Téléphones a été reconnu insuffisant en ce qui concerne l'épaisseur de la gutta.

En se servant d'un câble plus coûteux, on augmentera sans doute les frais de premier établissement, mais la durée sera plus grande. Elle n'a été évaluée qu'à dix ans, pour les câbles actuels de la Compagnie, dans le compte de dépréciation du réseau, au lieu que la Section a estimé à quinze ans au moins la durée du type renforcé proposé ; l'avenir seul montrera si cette évaluation est exacte.

La Section est d'avis d'adopter un câble nouveau à 14 conducteurs, du modèle 84-2, déjà utilisé par l'Administration, ayant 24 millimètres de diamètre total et coûtant actuellement 4,200 francs. Ce câble serait amélioré en remplissant par une cordelette de filin le vide qui se trouve entre chaque conducteur.

La Section a été aussi d'avis d'augmenter la couche de gutta des câbles à 2 conducteurs. En effet, ces câbles sont toujours posés provisoirement : si d'autres abonnés se présentent dans la même direction, ils sont relevés, remplacés par des câbles à 14 fils et utilisés ailleurs. Ces manipulations successives pouvant les détériorer, il y a économie à employer un modèle qui résiste bien.

Moyens de combattre l'induction et la capacité. Comparaison avec d'autres câbles. — Le système où les deux fils sont enroulés en hélice l'un autour de l'autre supprime entièrement les effets de l'induction mutuelle, et le réseau est parfaitement silencieux ; il n'y a donc aucune précaution spéciale à prendre à ce sujet.

La capacité des câbles est un élément très important au point de vue de la transmission ; elle déforme les ondes électriques et peut altérer la reproduction de la parole, quand la longueur des lignes est grande.

La Section a reconnu que dans Paris cet effet est peu important, et qu'il n'y a pas à s'en préoccuper en ce qui concerne le réseau urbain.

Mais la capacité peut devenir gênante pour le raccordement du réseau aux lignes interurbaines à grande distance et il faut examiner la question à ce point de vue. Or on ne peut diminuer la capacité qu'en augmentant le volume, ou en changeant le diélectrique.

Plusieurs membres ont entretenu la Section des essais faits avec divers câbles dans lesquels on emploie un autre isolant que la

Conférence technique.   8

gutta, soit dans un but d'économie, soit pour diminuer la capacité.

Le système Brooks consiste en fils recouverts de coton mis dans un tube en fer qu'on remplit d'huile minérale. On maintient les tubes constamment pleins et à la pression voulue au moyen d'un réservoir supérieur. Ce système est, paraît-il, économique, mais la Section n'a pas cru devoir en recommander l'emploi ; l'isolement est faible et variable, et l'on peut considérer ces câbles comme suffisants seulement pour des Compagnies qui se transforment rapidement, et qui cherchent surtout à restreindre les frais de premier établissement.

Les fils des câbles Berthoud-Borel sont recouverts de coton imprégné d'un mélange de paraffine et de résine. Ces câbles ont été essayés à Paris et ont donné de mauvais résultats au point de vue de l'isolement.

Dans les câbles Hutchinson on emploie une composition de caoutchouc et de résine minérale (kérite). Un essai a été fait à Nice et à Paris. Il donne jusqu'ici de bons résultats, mais l'économie n'est pas très grande ; de plus, les soudures sont très difficiles et la ligne peut être défectueuse en ces points, qui sont toujours délicats.

Tous ces câbles n'ont d'ailleurs pas d'avantage bien marqué sur la gutta au point de vue de la capacité.

Dans le câble Fortin Hermann, le conducteur en cuivre est enfilé dans des perles de bois paraffinées, et le tout est recouvert de plomb. Le diélectrique est l'air, et la capacité est 1/5 de celle des câbles en gutta. C'est un avantage considérable. La Section a examiné s'il y avait lieu de conseiller les câbles Fortin pour le réseau urbain de Paris en vue des communications interurbaines. Certains membres ont fait observer que ces câbles présenteraient pour ce service des inconvénients sérieux : leur conservation est difficile ; et si, malgré les précautions prises, le plomb est percé, ce qui arrivera quelquefois dans les égouts, le câble tout entier est hors de service par l'humidité qui pénètre à l'intérieur et détruit l'isolement.

Cet inconvénient pourrait à la rigueur être atténué en augmentant l'épaisseur du plomb ; mais le prix de ces câbles, déjà plus élevé que celui des câbles en gutta, s'élèverait encore.

En outre, ils sont, à nombre égal de fils, d'un diamètre beaucoup plus gros, à cause des difficultés de construction ; et c'est là un inconvénient capital, puisque les égouts sont déjà encombrés.

Après une discussion où les avis ont été partagés, la Section a admis qu'en général les câbles ordinaires en gutta étaient suffisants pour la communication interurbaine d'abonné à abonné, et qu'en raison de leur plus faible prix, de leur meilleure conservation et de leur plus petit volume, ils devaient être préférés, pour le réseau urbain, aux câbles Fortin Hermann ;

Que ces derniers, au contraire, devaient être choisis pour la constitution des sections de lignes interurbaines qu'il faudrait établir en galerie ou en tunnels, ou dans d'autres cas spéciaux.

Conditions résultant de la proximité des câbles à lumière ou autres. — A Paris, la Ville a interdit le passage des câbles à lumière dans les égouts : l'inconvénient ne se présentera donc pas. Toutefois les câbles de l'usine municipale des Halles sont placés en égout, ainsi que le câble desservant le palais de l'Élysée depuis la station du Palais-Royal. Mais ce dernier câble est du type concentrique et entièrement isolé ; grâce à cette disposition, il peut transmettre des courants alternatifs à 2,000 volts, sans qu'aucun trouble ait été apporté dans le fonctionnement des fils téléphoniques placés du côté opposé de l'égout. Se fondant sur ce résultat d'expérience, M. le Directeur-Ingénieur de la Région de Paris a demandé que les câbles du réseau électrique municipal fussent concentriques et parfaitement isolés lorsqu'ils seraient placés dans les égouts ; la Section partage entièrement cet avis et émet le vœu que la même règle soit suivie partout, le cas échéant.

Organisation des équipes. Surveillance. — Outre leurs salaires, les ouvriers reçoivent une indemnité réglée par l'arrêté du 2 février 1882 pour les travaux dans les égouts ou sur les toits.

Il n'y a rien à changer à cet arrêté en ce qui concerne le prix de 3 ou 4 francs ; mais la Section est d'avis d'appliquer aussi cet arrêté pour les travaux en galerie ou en tunnels, lorsque les ouvriers n'ont pas droit à l'indemnité de découcher ; les deux indemnités ne pourraient d'ailleurs pas se cumuler.

Il n'y a rien à changer non plus à l'organisation des équipes.

La Section recommande particulièrement qu'on ne perde pas de vue la surveillance des lignes en égout, afin d'arriver à diminuer les dérangements produits par les divers services qui ont à y travailler.

II. Lignes souterraines en général.

De leur emploi restreint. — Le réseau de Paris a pu être posé à peu près tout entier en égout; son prix est déjà très élevé. Mais il est encore bien inférieur à ce qu'aurait coûté un réseau en ligne complètement souterraine.

La dépense alors devient telle que la Section a été d'avis de donner la préférence au réseau aérien partout où cela serait possible, et de ne recourir aux lignes souterraines que dans des cas exceptionnels.

Ainsi, lorsque le nombre des fils atteint 800 et qu'il n'y a qu'une seule tourelle, l'enchevêtrement des fils devient très considérable, et il y a intérêt, comme on l'a exposé dans un autre rapport (voir le rapport sur les tourelles, p. 101), à raccorder la tourelle centrale à des tourelles ou des appuis de raccordement annexes au moyen de câbles aériens ou souterrains.

Raccordement des lignes souterraines et aériennes. — Plusieurs membres ont donné des détails intéressants sur le raccordement du réseau souterrain de Paris avec le réseau suburbain aux fortifications.

Suivant l'importance des lignes, on emploie des poteaux en bois, avec boîte de coupures circulaire, le long desquels on fait monter des câbles en plomb à deux conducteurs, ou bien des guérites en bois, comme pour les lignes télégraphiques ordinaires.

Des paratonnerres sont placés à toutes les jonctions, soit à la partie supérieure des poteaux, soit dans les boîtes de coupures ou les guérites.

Les câbles aboutissant à des tourelles annexes devront de même être munis de paratonnerres.

Énumération des divers types de lignes souterraines. — On rappelle, à ce propos, ce qui a été admis pour les câbles aériens dans un autre rapport (voir le rapport sur les tourelles, p. 101). Ils sont très économiques, mais ils n'ont pas encore donné de résultats suffisants au point de vue de la durée. La Section a été d'avis de continuer les études et les essais, car il est probable qu'on arrivera à une solution satisfaisante.

En ce qui concerne les lignes souterraines, on a trois procédés principaux :

Les lignes en égout ou galeries, qu'il faut évidemment employer partout où il en existe et, que, dans certains cas, on aurait même intérêt à construire spécialement;

Les lignes en caniveaux, dans lesquelles les câbles sont placés sans aucun tirage,

Et les lignes en tuyaux, dans lesquelles les câbles sont tirés après la pose de la conduite au fur et à mesure des besoins.

Comparaison des trois systèmes. — Le système consistant à creuser une galerie spéciale a évidemment tous les avantages d'une ligne en égout et n'a contre lui que son prix de revient qu'il faut examiner.

Le plus petit type d'égout de Paris a 2 mètres sous clef et 1 m. 30 de largeur à la naissance de la voûte. Il coûte 102 fr. 55 le mètre courant. En ajoutant la réfection du pavage et la pose de crochets pour 100 câbles, on arrive à 120 francs environ. Le prix de chaque câble étant de 3 fr. 60 (soit 3 fr. 70 avec la pose), on voit que la canalisation intervient pour une part importante dans la dépense totale. Il faut donc que l'on ait à poser un grand nombre de câbles pour recourir à ce système. Toutefois ce nombre n'est pas aussi grand qu'on pourrait le croire.

Comparons, en effet, le système à caniveau de fonte qui a été proposé par un des membres de la Section.

En prenant une canalisation de $0,25 \times 0,20$, on pourrait loger 100 câbles à 14 conducteurs recouverts de plomb, modèle renforcé. Le prix serait de 22 francs par mètre, dont 12 francs pour la fonte. Il faudrait, pour éviter les frais de réouverture qui se monteraient à 9 francs environ, poser un nombre de câbles de réserve assez grand.

Supposant, comme on l'a proposé, qu'en prévision de l'augmentation du réseau, on pose le double du nombre de câbles nécessaires au début, on calcule facilement que les prix de premier établissement des deux systèmes seront égaux quand on aura besoin de 26 câbles au début.

C'est-à-dire si, ayant besoin de 26 câbles, on fait une ligne en galerie spéciale, elle ne coûtera pas plus comme première mise qu'une ligne en caniveau de fonte, dans laquelle on placerait tout de suite le double des câbles nécessaires, soit 52.

Si les câbles ainsi posés d'avance ne sont pas employés à bref délai, c'est-à-dire si le réseau ne s'étend pas comme on l'avait prévu, les câbles diminuent de valeur sans servir, et il faut tenir compte des intérêts et de l'amortissement de ces câbles improductifs.

L'écart va en s'accentuant à mesure que le nombre des câbles augmente, et la supériorité de la ligne en galerie s'affirme complètement.

Si l'on a, au début, besoin de 50 câbles et si, comme il a été admis plus haut, on pose en caniveau un nombre de câbles double de celui dont on a besoin, soit 100, le compte s'établira ainsi :

La ligne en galerie coûtera de premier établissement 295 francs, et la ligne en caniveau, 379 francs.

Le prix de premier établissement est donc bien plus élevé pour la ligne en caniveau, dans la valeur de laquelle sont compris 50 câbles improductifs valant 175 francs. Un calcul simple montre que les frais d'amortissement de la ligne en caniveau sont aussi grands que les frais de pose des 50 derniers câbles dans la ligne en galerie si l'augmentation est de 5 câbles environ par an.

A Paris, la construction d'une galerie spéciale pour dégager les abords des bureaux centraux est d'autant plus à conseiller, que la Ville supporte la moitié des frais en se réservant la moitié de l'égout.

La Section est d'avis que ce système est à recommander quand le nombre des câbles est très important, 75 à 80 par exemple, à titre de première indication.

Il reste maintenant à examiner le système en tuyaux. Il sera préférable de prendre un tuyau de grand diamètre, dont le prix est moindre que celui de plusieurs tuyaux plus petits de même capacité totale; le tirage y est aussi plus facile.

La conduite devra être noyée dans un lit de béton; cette

condition paraît indispensable à la conservation du métal. Au lieu de tirer les câbles recouverts seulement de ruban tanné comme dans les lignes urbaines télégraphiques, il sera préférable de se servir des câbles sous plomb valant 3 fr. 40 (soit 3 fr. 50 mis en place) par mètre courant. L'augmentation de prix provenant du tube de plomb est de 70 centimes par mètre; c'est une dépense importante, un cinquième en plus, mais le tirage sera bien plus sûr qu'avec les câbles sous enveloppes goudronnées, et la conservation sera aussi grande que dans les lignes en égout.

Des regards avec manchons facilement démontables seraient placés tous les 50 mètres. Chaque regard, construit en briques et chaux hydraulique, serait fermé par une plaque de fonte reposant sur un cadre métallique. Cette plaque serait fixée par un boulon vissant dans une entretoise en fer, placé au-dessous, et le joint serait rendu étanche au moyen d'une bande en caoutchouc.

Quand un câble deviendrait défectueux, on ne chercherait pas à le retirer, pour ne pas abîmer les autres câbles.

Sa conduite serait en fer ou en fonte. En employant des tuyaux de fonte de 20 centimètres, pesant 55 kilogrammes au mètre courant, semblables à ceux du service des eaux, on aurait une conduite pouvant recevoir 50 câbles et coûtant 24 francs par mètre courant, pose comprise.

Ce prix paraît supérieur à celui du système en caniveau, eu égard au nombre des câbles, mais son avantage est qu'on ne place que le nombre de câbles immédiatement nécessaire.

Une ligne en tuyaux de 25 centimètres, pesant 80 kilogrammes et contenant 75 câbles, coûterait 29 francs, c'est-à-dire le même prix que la ligne en caniveau de 100 câbles.

La supériorité du système à tirage paraît donc incontestable au point de vue de la dépense, et la Section est d'avis de l'adopter lorsque la construction d'une galerie spéciale sera impossible ou trop coûteuse.

RÉSUMÉ DE LA COMPARAISON DES DIVERS MODES DE CONSTRUCTION.

En résumé, la Section, après avoir discuté les différents systèmes de construction, s'est arrêtée aux propositions suivantes :

1° Dans les villes où il existe des égouts se prêtant à la construction d'un réseau téléphonique, il convient d'employer le système des câbles sous plomb en usage à Paris, de préférence à tout autre.

2° S'il n'y a pas d'égout, ou si les égouts existants sont inutilisables, on construira des réseaux aériens.

3° Si le nombre de fils aériens devient trop grand, il sera avantageux d'établir des tourelles annexes réunies au bureau central ou à la tourelle centrale par des câbles.

4° Si l'on emploie des câbles souterrains, il faut donner la préférence aux systèmes permettant d'ajouter les câbles au fur et à mesure des besoins.

5° Quand on sera en possession d'un bon modèle de câble aérien, on pourra aussi l'employer pour la réunion des tourelles annexes à la tourelle centrale.

NOTE LUE PAR M. BELZ,

INSPECTEUR PRINCIPAL.

La 1re section, en examinant la question des réseaux téléphoniques urbains, s'est montrée d'une manière générale favorable au système du double fil, avec cette réserve que le circuit double ne devrait être appliqué qu'aux villes ayant un intérêt sérieux à être reliées téléphoniquement avec d'autres réseaux.

Je suis loin de méconnaître les avantages du double fil, soit relativement à la suppression du bruit de friture, soit pour la diminution de l'induction; et j'admets que l'emploi du circuit double est tout indiqué dans un réseau téléphonique établi à peu près entièrement en égout, comme cela a été fait à Paris; mais je ferai remarquer que le double fil n'est réellement obligatoire que lorsqu'il s'agit de relier un réseau urbain à une ligne interurbaine offrant déjà par sa résistance et sa capacité une difficulté relative de communication.

Pour un réseau urbain isolé (j'entends par là un réseau qui

n'est pas relié à une ligne interurbaine), le simple fil suffit parfaitement pour les abonnés d'un réseau pareil, et l'on peut dire que toutes les personnes qui se servent habituellement du téléphone sont habituées aux bruits de friture et aux phénomènes d'induction, et il ne me paraît pas du tout nécessaire de leur épargner ce léger désagrément, au prix, forcément très élevé, de la substitution du double fil au simple fil; autrement dit, dans la plupart des cas, du doublement du réseau.

Ceci posé, il y a lieu de rechercher quelles sont les circonstances qui rendent indispensable l'emploi du double fil dans un réseau urbain et, lorsque ces circonstances seront réalisées, d'examiner s'il convient de donner le double fil à tous les abonnés de ce réseau ou seulement à ceux qui en feront la demande.

Relativement à la première question, il est évident que l'emploi judicieux des transformateurs permettra, dans beaucoup de cas, de conserver les réseaux à simple fil existants, ou d'en établir de pareils tout en leur donnant la communication interurbaine avec d'autres réseaux à double ou même à simple fil. Ainsi, sans empiéter sur le domaine de la 4e section (Téléphonie interurbaine), je crois pouvoir admettre (l'expérience prouvera si je me trompe) que les communications suivantes pourront fonctionner :

Paris à Lyon. — Paris étant à double fil, Lyon étant à simple fil, avec transformateur à Lyon.

Lyon à Marseille. — Lyon étant à simple fil, Marseille également à simple fil, transformateurs à Lyon et à Marseille.

Lyon à Saint-Étienne, Lyon à Grenoble, Marseille à Nice, Marseille à Cette, etc. — Fonctionneront également, ces divers réseaux étant à fil simple et avec transformateurs dans les bureaux téléphoniques centraux de toutes ces villes.

Voilà donc toute une catégorie de communications qui n'exigeront pas de modification, soit dans les réseaux existants (Lyon, Saint-Étienne, Nice), soit dans les projets des réseaux à créer (Grenoble, Cette).

Au contraire, la communication interurbaine entre Paris et Marseille a été reconnue impossible, si le réseau de Marseille n'est pas transformé du simple fil au double fil : cette modification même ne suffit pas (la pratique journalière en fait foi) et l'on est obligé de donner aux abonnés de Marseille un circuit double en fil de bronze de 2 millimètres, au lieu du fil simple en acier de 2 millimètres, ou en bronze de 0 m. 0011, qu'ils ont actuellement pour leurs communications urbaines.

Il y a donc des cas où, dans l'état actuel du réseau interurbain, la communication de ville à ville (je parle des abonnés et non des cabines centrales) ne peut pas se faire si les deux réseaux urbains ne sont pas à double fil. J'arrive ainsi à la deuxième question que je voulais examiner.

Je prends l'exemple de Marseille, qui avait 451 abonnés au 1er janvier 1889, mais mon raisonnement s'appliquerait à toute autre ville qui se trouverait dans les mêmes conditions. Est-il admissible que l'on transforme le réseau urbain de Marseille du simple fil au double fil pour donner à tous les abonnés de ce réseau la facilité de correspondre avec les abonnés de Paris? Je n'hésite pas à répondre par la négative. Il y a actuellement à Marseille 8 abonnés pour lesquels l'Administration a fait établir des circuits doubles en fil de 2 millimètres reliant leurs domiciles au bureau téléphonique central des communications interurbaines, bureau situé à la Bourse de Marseille. Ce nombre augmentera-t-il rapidement? J'en doute. Dans tous les cas, ces abonnés spéciaux formeront toujours une infime minorité. Or le remplacement des conducteurs actuels (2 millimètres en fer, et 0 m. 0011 en bronze) par des conducteurs de bronze de 2 millimètres, et le doublement du réseau qui résulterait de l'adoption du fil double, coûteraient au moins 300,000 francs, suivant un décompte que je suis prêt à fournir. L'Administration est-elle disposée à prendre à sa charge une pareille dépense ou à l'imposer, sous une forme quelconque, à des abonnés qui ne demandent nullement à correspondre avec Paris et qui, en cas de besoin, pourront toujours se transporter à la cabine de la Bourse ou à une autre cabine publique de Marseille? Je crois que poser la question, c'est la résoudre.

Ma conclusion est donc la suivante, contrairement à l'avis exprimé par la 1re section et en me bornant aux considérations relatives à l'établissement des réseaux urbains :

« Vu la facilité que l'emploi des transformateurs offre dans beaucoup de cas pour passer du circuit double interurbain au circuit simple urbain.

« Vu la grande augmentation de dépense qu'entraînerait la substitution du fil double au fil simple sur les réseaux urbains existants, ou l'adoption du fil double sur les réseaux à créer (on ne peut nier que la dépense finirait toujours par être doublée);

« Vu le peu d'intérêt des communications interurbaines pour la grande majorité des abonnés,

« Le soussigné émet l'avis que, dans les réseaux urbains autres que celui de Paris et sauf exception motivée, l'Administration restreigne l'emploi du fil double (avec spécification spéciale au besoin) aux seuls abonnés qui en feront la demande en vue des communications interurbaines. »

Signé : BELZ.

2ᵉ SECTION.

PRÉSIDENCE DE M. MAGNE, INSPECTEUR PRINCIPAL.

RAPPORT D'ENSEMBLE.

Le programme d'études proposé à la 2ᵉ section, comprenant les questions relatives à l'organisation générale des réseaux et des postes centraux téléphoniques, le présent rapport se partagera forcément en deux parties de caractères tout à fait différents : dans la première seront traités les sujets d'ordre général; dans la seconde, ceux qui se rapportent aux détails d'installation des bureaux.

1ʳᵉ PARTIE.

Disposition générale du réseau. — Le premier point sur lequel il importait d'arriver à une conclusion est celui de la disposition à donner au réseau : selon, en effet, que l'on s'arrêterait à l'idée d'avoir dans chaque réseau un seul bureau central, ou à celle de créer plusieurs points de convergence, toutes les autres dispositions s'en trouveraient modifiées.

On saisit à première vue les avantages de la première solution : avec un bureau unique auquel aboutissent les lignes de tous les abonnés, les manœuvres nécessaires pour donner les communications sont réduites à la plus grande simplicité; elles exigent par suite moins de temps que de toute autre manière; enfin le personnel nécessaire pour assurer le service est moins nombreux, et par suite moins onéreux que dans le système des bureaux multiples.

A la vérité, il y peut paraître qu'on doive réaliser une économie sur la longueur des lignes des abonnés, si ceux-ci sont groupés autour d'un certain nombre de centres convenablement choisis, que raccordent entre eux des lignes de service. Mais ce n'est là qu'une apparence : si les villes sont de médiocre étendue, la question même ne se pose pas, et il est clair qu'on ne peut songer à avoir plus d'un bureau. Si, au contraire, la localité est plus considérable, et qu'il s'y rencontre un nombre d'abonnés assez grand pour faire face aux besoins du trafic, il faut multiplier les lignes de raccord entre les bureaux de quartier, et l'on perd de cette façon ce qu'on avait pu gagner sur les lignes d'abonnés. De plus, les frais supplémentaires de personnel qu'on est obligé d'accepter dans cette hypothèse, soit parce qu'il faut, pour établir une seule communication, double ou triple manœuvre aux bureaux, soit parce que l'établissement de chaque communication étant plus lent, il faut plus de monde pour assurer un trafic donné; ces frais couvrent bien vite l'excès de dépense sur l'établissement, l'entretien et l'amortissement des lignes. Il est aussi à remarquer que dans le système à centre unique, l'extension du réseau d'abonnés, si grande qu'elle soit, n'entraîne aucun changement dans les lignes déjà posées, tandis qu'elle oblige dans l'autre cas à développer constamment les réseaux de jonction des bureaux entre eux, et par suite à remanier fréquemment non seulement les lignes, mais aussi les installations intérieures des postes.

Enfin, dans le système à bureaux multiples, on ne profite guère, pour améliorer et accélérer le service, des perfectionnements considérables qui ont été apportés aux commutateurs téléphoniques. (*Voir même rapport, 2ᵉ partie, Installation intérieure.*)

Pour ces motifs, la Section croit pouvoir proposer en principe l'adoption du système à bureau unique. (*Avis motivé n° 1.*) Toutefois le cas du réseau de Paris lui a paru mériter une étude spéciale, et il sera revenu plus loin sur ce sujet.

Emplacement du bureau. — Des diverses considérations qui peuvent déterminer le choix de l'emplacement du bureau téléphonique, la plus importante assurément a paru être celle de la stabilité de l'installation; un déplacement entraîne en effet le remaniement de toutes les lignes qu'il faut ramener au nouveau local; les complications et les frais d'un pareil changement sont aisés à imaginer, ainsi que la difficulté d'assurer convenablement le service pendant la période des travaux préparatoires au transfert. Il a donc semblé à la Section que l'on devait avant tout s'attacher à obtenir une installation définitive; ce qui implique que le local affecté au service téléphonique aura des dimensions suffisantes pour se prêter à toute les extensions ultérieures.

Cette condition de stabilité se trouve aisément remplie dans les villes où l'État possède un hôtel des Postes. Dans les villes où il n'en existe pas, des besoins analogues à ceux qui viennent d'être indiqués, quoique bien moins impérieux, ont dû déjà être pris en considération pour l'établissement du poste télégraphique. De même aussi, on a eu à se préoccuper de placer ce poste à peu près à portée de toute sa clientèle, et par suite l'emplacement qu'il occupe doit, dans la plupart des cas, répondre à un autre desideratum; à savoir que la longueur des lignes d'abonnés soit aussi réduite que possible, de façon à en rendre le prix aussi bas que possible. En sorte que, dès maintenant, la nature des besoins à satisfaire assignerait aux postes télégraphique et téléphonique un emplacement voisin.

On se fortifiera encore dans cette idée si l'on remarque que ce rapprochement est encore désirable à d'autres égards : le service de la transmission des télégrammes par téléphone et celui de la téléphonie interurbaine ne deviennent véritablement commodes et rapides que moyennant cette proximité. D'autre part, la surveillance générale que le chef des services télégraphique, téléphonique et postal doit exercer sur ces divers établissements, se trouve bien plus effective, s'il peut tout concentrer en un même local. Il sera commode aussi pour le public de pouvoir traiter au même endroit des affaires qui, différentes sans doute par leur essence, répondent pour lui à un même ordre de besoins.

Enfin, si l'on remarque que dans les villes où l'Administration a dû faire des locations, le rez-de-chaussée seul des maisons louées trouve actuellement son emploi, et que les étages supérieurs demeurent inutiles, alors que ce sont ces étages mêmes qui conviennent de préférence au service téléphonique, on verra que le rapprochement du bureau téléphonique est dicté à l'Administration par le souci d'utiliser au mieux les locaux loués par elle.

Une réserve, toutefois, s'impose : dans quelques villes, des raisons particulières ont pu conduire à placer le bureau télégraphique dans une position excentrique. La conclusion à tirer des développements précédents est alors que ce bureau doit être déplacé et ramené à un emplacement plus rationnel, où se trouvera aussi installé le bureau téléphonique.

De là les conclusions développées dans la 2ᵉ partie de l'avis n° 1.

Matériel des bureaux. — Sur la question du matériel des bureaux, il y avait peu de place pour la discussion. Étant établis quelques principes évidents, sur la nécessité d'avoir des communications rapidement établies, sur l'étendue des tableaux que l'on peut faire desservir par un téléphoniste, sur le nombre des indicateurs d'appel et des jacks qui peuvent être établis sur une surface de tableau donnée, il ne restait plus qu'à consulter l'expérience acquise en France et dans les pays étrangers.

On a sans peine reconnu qu'au-dessous d'une certaine activité de trafic, les moyens employés avaient peu d'importance; qu'au contraire, au-dessus de cette limite, le rendement des appareils peut varier, suivant le type, du simple au double. De même l'espace occupé par les tableaux n'est guère à considérer pour les petits bureaux; il devient, au contraire, matière de première importance lorsque le nombre des abonnés s'accroît.

La nature du matériel à choisir dépend aussi de l'organisation du service, et cette organisation peut être conçue de trois manières :

Plusieurs employées concourent à l'établissement d'une même communication : c'est le système des bureaux de la Société générale.

Une seule téléphoniste exécute toutes les manœuvres nécessaires à l'établissement d'une communication : c'est le système usité dans les grands bureaux de l'étranger.

Enfin, une combinaison mixte peut être imaginée, où le travail serait divisé entre divers agents, spécialisés chacun pour une manœuvre déterminée : ce système n'a point encore été mis à l'épreuve.

Dans ces conditions, la Section a pensé que les moyens mis en œuvre devaient dans chaque cas répondre à l'importance du travail à faire : elle a établi une classification par ordre de grandeur des bureaux. Pour les plus petits, elle a jugé que les appareils existants pourraient être utilisés tant qu'ils seraient en bon état de service; pour les autres, elle a proposé des types se rattachant au deuxième système, celui de la spécialisation. Pour les bureaux d'importance exceptionnelle, au sujet desquels l'expérience acquise est encore insuffisante, la Section croit plus sage de réserver tout avis et de continuer les études. (*Voir avis n°* 2 *et* 6.)

Réseau de Paris. — Cette dernière réserve ainsi qu'une autre de même nature, formulée au sujet de la disposition des réseaux, visaient le cas particulier de la ville de Paris. En effet, dès maintenant, le nombre des abonnés de ce réseau est supérieur à celui des abonnés effectifs de tout autre bureau du monde, et l'on peut espérer que ce nombre s'accroîtra sous peu dans une forte proportion. On serait donc fort embarrassé s'il fallait, en l'état actuel, installer un bureau central unique de pareille importance, et l'on aurait lieu de craindre que la moindre imperfection de détail dans un ensemble aussi vaste, imperfection que la nouveauté de l'entreprise rendrait en somme assez probable, ne vînt annuler les avantages de la concentration du service.

D'autre part, remanier de toutes pièces un réseau aussi étendu, changer les lignes des abonnés, supprimer les bureaux de quartier, etc., ne se pourrait faire sans d'énormes dépenses. Et comme le nouveau réseau devrait être constitué avant que l'ancien pût disparaître, on aurait aussi cette difficulté d'avoir momentanément à loger à la fois les deux systèmes de fils : chose absolument impossible. Il fallait donc tenir compte de l'état de choses existant, sauf à le modifier d'une manière progressive.

Le débat portait alors sur ce point : la situation présente doit-elle être considérée comme provisoire, et doit-on s'efforcer, avec tous les ménagements nécessaires, de la ramener progressivement au système à bureau unique? Ou doit-on accepter pour l'avenir l'existence des bureaux-succursales, sauf à opérer une sorte de tri, soit facultatif, soit obligatoire, parmi les abonnés, de façon que les uns soient reliés directement au bureau principal, et les autres à un bureau-succursale?

Une pareille question était de nature trop complexe pour que la Section pût parvenir à une conclusion ferme : il s'y liait, d'ailleurs, d'autres questions étrangères à la compétence de la Conférence. Car il semblait difficile, à première vue, de demander même taxe d'abonnement aux abonnés directement reliés et à ceux qui, empruntant les bureaux de quartier, auraient des communications forcément plus lentes et plus incertaines. De plus, les difficultés que soulevait l'un ou l'autre système paraissaient devoir se modifier profondément si l'on parvenait à un résultat favorable dans un autre ordre d'idées, si l'on obtenait un moyen véritablement sûr et pratique de desservir plusieurs abonnés par un seul circuit. (*Voir 3e section : Plusieurs abonnés sur un seul fil.*)

Les conclusions de la Section sont donc des conclusions d'attente ; elles prévoient et réclament de nouvelles études.

Comptage mécanique des conversations. — Les procédés employés jusqu'à ce jour en France pour la perception de la rétribution du service téléphonique diffèrent par leur apparence : l'un consiste en un abonnement net de tous frais supplémentaires ; l'autre stipule une contribution annuelle réduite, mais met à la charge du client les frais d'établissement de la ligne, d'achat des appareils, etc. Mais, ces différences de détail mises à part, l'un et l'autre constituent de véritables forfaits.

On s'est demandé s'il ne serait pas à la fois plus équitable et plus économique de proportionner la taxe perçue au service effectivement rendu, c'est-à-dire d'établir la taxe à la conversation. Mais un semblable système n'est praticable que si l'on dispose d'un moyen mécanique, automatique de compter ces conversations ; car, si l'on prétendait imposer aux téléphonistes le soin de faire de tels relevés, on serait exposé à de fréquentes erreurs, et, chose plus grave, on ralentirait tout le service. D'où la question posée à la Section.

Sur le principe même du comptage, les avis sont loin d'être unanimes : on reproche à ce système d'introduire une complication dans l'exploitation ; une incertitude sur les produits, fâcheuse pour l'État ; enfin on a fait remarquer que, de toutes façons, il faudrait exiger une taxe minimum ou une garantie d'un nombre minimum de conversations, sans quoi l'État pourrait être gravement lésé.

Quoi qu'il en soit de ce point, les systèmes de comptage théoriquement possibles se réduiraient à trois :

Compteur au bureau central ;

Compteur chez l'abonné ;

Compteur double.

Des trois, le premier seul se trouve pour le moment réalisé d'une manière simple et pratique, et quoiqu'on puisse craindre qu'un semblable système, où l'abonné n'a pas le moyen de contrôler les indications d'un compteur placé hors de sa vue, ne rencontre pas dans le public l'accueil le plus favorable, la Section a cru que cet appareil pourrait, dans bien des cas, rendre des services, et elle en recommande l'essai. (*Avis n° 10.*)

Service de transmission des télégrammes par téléphone. — Lorsque des mesures convenables ont été prises pour assurer la prompte transmission par téléphone des dépêches télégraphiques arrivées au bureau à destination des abonnés, ou réciproquement pour recevoir des abonnés le texte des télégrammes qu'ils désirent envoyer au dehors, ce service devient un des plus importants et des plus utiles. Mais une organisation spéciale est nécessaire pour lui rendre tous ses avantages.

La Section a tenu d'abord à s'assurer qu'un tel mode de transmission n'était pas une cause d'erreurs, et, d'après les renseignements qui lui ont été fournis, elle a acquis la conviction que l'on pouvait accorder toute confiance à un service organisé suivant les bases suivantes :

La réception des télégrammes destinés aux abonnés, ou celle des télégrammes envoyés pour être expédiés, doit constituer un service spécial, réservé à un personnel permanent : ce service, qui, au regard du bureau téléphonique, joue le rôle d'un abonné quelconque et doit être traité en conséquence, doit, autant que possible, être installé dans un local tranquille, en communication aisée avec le bureau télégraphique. Les appareils de transmission et de réception affectés à ce poste doivent être installés de manière à laisser libres les mains de la téléphoniste. Dans ces conditions, la sécurité de ce service a paru suffisamment grande pour que la Section ait cru pouvoir proposer la suppression de la pratique actuelle, qui consiste à faire confirmer aussitôt par écrit et par facteur spécial la dépêche téléphonée; la confirmation faite par la Poste a semblé largement suffisante.

On a d'ailleurs insisté sur la nécessité d'employer toujours pour la transmission téléphonique la voie la plus directe.

Vérifications des communications. — La vérification de l'état des communications se fait par l'échange même des conversations téléphoniques, sans qu'il soit besoin de mesures spéciales. En particulier, on ne saurait songer à étendre aux lignes téléphoniques la pratique, usitée sur les lignes télégraphiques, de donner ouverture à une heure déterminée : la plupart des clients refusent de se prêter à une telle sujétion.

Du reste, les dérangements sur les lignes sont relativement rares, et l'on aura plus souvent à compter avec les dérangements des postes d'abonnés. Aussi y a-t-il lieu d'organiser fortement le service de vérification périodique de ces postes. Au point de vue matériel, il a semblé que, pour réduire au minimum la durée des interruptions, il fallait faire le moins possible de réparations ou de manipulations chez l'abonné, et qu'il était préférable d'enlever tout de suite tout objet, pile, appareil ou autre, qui demanderait à être remonté ou revu, et de le remplacer par un rechange. Au point de vue personnel, la Section a considéré que ces visites périodiques donnant une occasion naturelle de recueillir de vive voix les observations des abonnés ou de leur donner des avis, il était utile que ces opérations fussent confiées à un agent capable de faire son profit des plaintes ou de rectifier les erreurs : un simple ouvrier ne saurait suffire à cette tâche.

Personnel nécessaire. — La Section s'est ainsi trouvée conduite à examiner le personnel nécessaire à l'exploitation d'un réseau téléphonique. Pour les raisons qui viennent d'être indiquées en ce qui concerne le service du dehors, pour la bonne surveillance du bureau au dedans, elle a cru qu'un agent directement responsable était nécessaire. On ne saurait, en effet, attendre d'un agent en sous-ordre la même attention ou la même initiative que de celui qui a la charge personnelle et entière du service. Comme, d'ailleurs, la surveillance du bureau central ne peut être exercée efficacement que par un agent constamment présent; que les erreurs, les négligences ou les défauts matériels y sont révélés surtout par la nature et la fréquence des plaintes du public, il serait désirable que l'agent chargé du service téléphonique fût seul en rapport avec les abonnés.

On a également fait remarquer que cet agent, ayant à exercer, dans l'étendue du réseau qui lui est confié, toute une série d'attributions dont les similaires sont, dans la pratique télégraphique, partagées entre plusieurs personnes, n'aurait pas trop de tout son temps pour s'initier complètement aux détails de son service. Le cas des réseaux de très faible importance est naturellement excepté.

Enfin, comme l'entretien des piles, des appareils et des lignes comporte une partie de travail manuel qui ne saurait revenir à l'agent dont il a été question jusqu'ici, et que l'importance de ce travail dépend de l'étendue du réseau, la Section a examiné également ment quels sous-agents, et en quel nombre, devraient être employés à ces opérations. Elle a pensé, se référant à des vues énoncées plus haut, que pour les réseaux de moins de 100 abonnés, il suffirait d'un seul sous-agent, lequel devrait, par suite, être également apte aux travaux de ligne, au montage du poste, à la réfection des piles et même à la réparation. Pour les réseaux de plus de 100 abonnés, les travaux d'entretien seront assez importants pour justifier la présence d'un mécanicien. Il va sans dire que ces sous-agents devraient être sous les ordres directs du chef du service téléphonique. (Avis nᵒˢ 11 et 11 *bis*.)

Jonction des réseaux urbains et des lignes privées avec les lignes interurbaines. — Considérée au point de vue des moyens matériels propres à effectuer la jonction, la question ne semble susceptible que d'une réponse très brève : si les lignes à joindre ont le même nombre de fils, la liaison se fait sans intermédiaire; si elles ont un nombre de fils différent, l'emploi de bobines translatrices est obligatoire.

Maïs la Section a saisi l'occasion qui lui était offerte par la forme un peu vague de cette question, pour aborder un point un peu différent. Si une localité possédant plusieurs bureaux téléphoniques, ou un bureau télégraphique et un bureau téléphonique non situés dans le même local, est desservie par plusieurs lignes interurbaines, il est indispensable que ces dernières aboutissent toutes à un même bureau téléphonique. S'il en est autrement, il s'introduira inévitablement des retards ou des fausses manœuvres, dont le résultat sera de diminuer encore le rendement déjà si restreint des lignes interurbaines. (Avis n° 4. — Voir 4ᵉ section, avis n° 13.)

2ᵉ PARTIE.

Les indications générales sur la nature des appareils à employer dans les bureaux de diverses importance ayant été données plus haut, il ne reste à fournir ici que quelques détails complémentaires sur certaines parties de l'installation des bureaux.

Fils ou câbles intérieurs. Câbles antiinductés. — Les fils ou câbles en question sont ceux qui s'étendent de la tourelle aux rosaces, ou même jusqu'aux tableaux de commutateurs. La manière de les établir présente un très grand intérêt; car, d'une part il est essentiel de maintenir, dans ce grand nombre de fils qui courent les uns à côté des autres, autant d'ordre que possible afin d'éviter les dérangements ou d'en rendre la recherche praticable. D'autre part on dispose souvent, pour ces amenées de fils, d'un espace très restreint; enfin il faut se tenir en garde contre les effets d'induction mutuelle qui peuvent s'établir entre des fils voisins et qui auraient pour effet de mélanger les conversations. Cette dernière influence serait surtout dangereuse sur les réseaux à un seul fil. Aussi, pour ces derniers s'était-on jusqu'à présent servi uniquement de câbles à un seul conducteur; les uns couverts de plomb, les autres sous coton, que l'on tenait suffisamment écartés les uns des autres. Les bons résultats que l'on a ainsi obtenus doivent engager à continuer l'usage de ces câbles.

Mais si le nombre des fils à amener dans le poste est considérable, cette solution, si bonne dans les réseaux moins importants, devient peu commode; et l'on est amené à chercher d'autres procédés. Dans les réseaux à deux fils, il suffit de continuer les lignes dans l'intérieur du poste par des câbles où les conducteurs, en nombre pair, sont cordés deux par deux, et sont ainsi soustraits à toute induction nuisible de la part des fils voisins. Ce n'est qu'employer sur une petite longueur ce qui est pratiqué avec les meilleurs résultats sur l'ensemble du réseau de Paris. Mais une pareille disposition en câbles serait-elle encore admissible sur les réseaux à un seul fil? On peut craindre, en effet, que les effets d'induction ne soient d'autant plus marqués que les fils seront plus voisins; on peut espérer, par contre, que ces effets, ne s'exerçant que sur une très petite longueur, seront peu importants. L'avantage de gagner de l'espace est grand; et l'économie que procure l'emploi de câbles au lieu de fils isolés n'est pas si minime, que l'essai ne mérite d'être tenté.

A l'étranger, on a dans ce même but créé divers types de câbles dits *sans induction*. Il serait plus juste de dire que, dans ces câbles, on a essayé de réduire les effets sensibles de l'induction, d'une part en augmentant systématiquement le nombre des conducteurs voisins, dont les effets se compensent ou se confondent en se superposant; d'autre part, en introduisant au milieu de ces faisceaux de conducteurs quelques fils de gros diamètre, de très faible résistance, qui sont mis à la terre et jouent en quelque sorte le rôle de dérivatifs ou d'absorbants. Ces tentatives sont dignes d'intérêt, et méritent d'être suivies; mais la Section a jugé les renseignements qu'elle possédait sur ce sujet, trop peu concluants pour donner lieu à aucun avis.

Câbles de terre. — Aussi fréquents au moins que les dérangements par induction mutuelle sont les dérangements dus à des dérivations par les fils de terre. Les émissions des courants télégraphiques, recueillies par la terre téléphonique, donnent lieu dans le réseau entier à des crépitements qui troublent l'audition. Pour peu que le sol soit humide et bon conducteur, cet inconvénient se manifeste lors même que l'on aurait pris pour le téléphone une terre assez éloignée de celle qui est affectée au télégraphe. Si, au contraire, le sol est isolant, ce ne sont plus les émissions télégraphiques, mais bien les courants d'appel envoyés sur certains fils téléphoniques qui troublent l'audition sur d'autres fils.

Il faut surtout se tenir en garde contre les dérivations accidentelles qui s'établiraient d'un fil de terre à un autre, soit par des pièces métalliques, soit à travers le sol. Aussi la Section a-t-elle cru devoir recommander les précautions suivantes, malgré le surcroît des dépenses qu'elles occasionnent ;

Éloigner notablement l'une de l'autre la terre télégraphique et la terre téléphonique.

Prendre cette dernière aussi bonne que possible, et, pour arriver à ce résultat, ne pas hésiter à s'éloigner du bureau.

Pour éviter des dérivations par le sol, employer, pour aller prendre cette terre, non pas un fil nu, mais un câble isolé, qui, pour se bien conserver dans le sol où il est enfoui, devra être revêtu d'une armature métallique.

Pour éviter que cette armature même établisse une communication entre la terre éloignée et les parties du sol plus proches du bureau, avoir soin d'isoler ou de sectionner de distance en distance cette armature.

Appels magnétiques. — Dans certains bureaux étrangers, on a préféré à l'appel par piles des abonnés un appel électro-magnétique; mais, comme l'emploi incessant d'appels à manivelle constituerait pour les téléphonistes une véritable fatigue, on a fait usage d'une source d'électricité continue, que l'on met à la ligne comme on ferait d'une pile, en pressant un bouton.

En faveur de ce système, on a allégué une raison de simplicité : l'ensemble de la dynamo et du moteur qui l'actionne serait moins compliqué que la batterie de piles nécessaire pour les appels. Il a été impossible à la Section de partager cette opinion; le bureau, quoi que l'on fasse pour les appels, devra toujours posséder des piles, et il disposera d'un personnel très capable de les entretenir. L'installation d'une dynamo nécessite au contraire tout un agencement mécanique, quel que soit le moteur employé. L'expérience des bureaux étrangers qui ont fait usage de ce système est d'ailleurs trop récente et trop peu étendue pour que l'on puisse y attacher beaucoup d'importance. Le prix de revient de la force motrice employée dépend d'une foule de circonstances locales qu'on n'est pas libre de reproduire. La Section a donc donné la préférence, en ce qui concerne les postes centraux, à l'appel par piles.

Comme conclusion de son travail, la Section aurait désiré pouvoir présenter quelques renseignements généraux sur le rendement des divers systèmes, sur le nombre d'employés qu'ils exigent, sur l'instruction à donner à ces employés. Les statistiques publiées jusqu'à ce jour ne permettent d'arriver à aucune conclusion certaine sur les deux premiers points; elles indiquent, en général, des chiffres bruts de nombre d'abonnés ou de nombre de correspondances; elles ne fournissent aucun renseignement sur le nombre des employés, ni même sur la nature des appareils. Au reste, les relevés numériques, fussent-ils même plus complets, ne sauraient suffire, et il y aurait encore à tenir compte d'une foule de circonstances qui modifient du tout au tout les conditions de l'exploitation. La Section croit donc plus sage de se borner, quant à présent, à signaler cette lacune, et l'intérêt qu'il y aurait, pour le progrès général de la téléphonie, à la combler au plus tôt.

G. S. L.

3e SECTION.

PRÉSIDENCE DE M. BERGER, INSPECTEUR PRINCIPAL.

RAPPORT D'ENSEMBLE.

Le soin avait été confié à la 3e section d'examiner une série de questions relatives aux détails de l'installation chez les abonnés : pour une telle étude, on ne saurait guère imaginer de classement méthodique, et l'on s'est borné à suivre dans leur ordre les indications du programme.

I. APPAREILS TÉLÉPHONIQUES.

Préalablement à tout choix entre les divers types d'appareils téléphoniques qui ont été mis en service sur les réseaux de France ou de l'étranger, et sans rien préjuger sur les améliorations que pourra apporter l'avenir, on est frappé des inconvénients que présenterait l'emploi, sur un même réseau, d'appareils de types variés. En effet, la qualité de la parole transmise dans la conversation téléphonique dépend, comme on l'a éprouvé fréquemment, de la nature des appareils mis en relation : tel transmetteur, qui donne d'excellents résultats avec un récepteur déterminé, n'a plus du tout la même valeur si l'on écoute dans un autre récepteur. C'est qu'en effet ce ne sont pas seulement les dispositions de construction qui changent d'un type à un autre, mais aussi les éléments électriques : résistance, *self-induction*, induction mutuelle des deux circuits dans le transmetteur, etc. En sorte que le passage d'un correspondant à un autre modifie les conditions de la transmission moins par le changement des lignes mêmes, plus longues ou plus courtes, que par le changement des appareils placés à l'extrémité de ces lignes.

Par suite, si un même réseau comporte des appareils de types différents, quoique chacun de ces appareils pris en lui-même puisse être bon et bien construit, il pourra arriver que la conversation soit très satisfaisante entre certains postes, très défectueuse entre certains autres. Or le système téléphonique suppose essentiellement l'entière interchangeabilité des correspondants. A cet égard, il semble donc désirable de n'employer sur chaque réseau qu'un seul type d'appareils.

Cette unité semble plus désirable encore si l'État doit se charger de l'entretien du matériel des abonnés. On conçoit en effet que la recherche et la réparation des dérangements sera bien plus aisée et rapide, si le personnel n'a jamais à faire qu'à un seul genre d'instruments avec lequel il deviendra bientôt entièrement familier. On comprend aussi que les frais de ces réparations seront bien moindres si les pièces de rechange ne se rapportent qu'à un seul type d'appareil et, par suite, peuvent être aisément tenues en approvisionnement. Si, au contraire, l'abonné est libre de choisir tel type qu'il voudra, le nombre des rechanges qu'il faudrait avoir, devient si grand, qu'on doit se résoudre à n'en pas avoir du tout et à fabriquer soi-même les pièces nécessaires, selon les besoins, ce qui est bien plus long et coûteux.

Toutefois on ne doit pas aller trop loin dans cette voie, et ce serait complètement manquer le but que d'imposer un type unique à tous les réseaux de France. On s'exposerait ainsi à ne pas pouvoir profiter des améliorations que l'avenir ne peut manquer d'apporter ;

on risquerait même de couper court, en France, à ces améliorations, puisque les inventeurs ne s'attacheraient plus à des recherches forcément sans profit. On doit donc admettre que les appareils pourront différer d'un réseau à un autre.

Ces principes posés, il est clair que pour être réputé bon, un type d'appareil doit non seulement fournir une bonne transmission, mais encore être durable. Il ne faut pas que sa construction comporte des pièces fragiles, aisées à déranger : c'est aussi bien l'intérêt du client, dont le service est plus sûr, et celui de l'Administration qui s'épargne des frais de réparations. Il est en outre nécessaire que l'identité visée plus haut des appareils en usage sur un même réseau, soit assez absolue pour qu'une pièce de rechange puisse, sans retouche, être adaptée à l'un quelconque d'entre eux. Tout appareil qui ne répondrait pas à cette double condition, ne saurait être admis.

D'autre part, l'Administration, qui aura la responsabilité du service, ne saurait abandonner au choix des abonnés la détermination des types : elle ne peut accepter que ceux qu'après examen elle aura reconnu bons. Il faut donc qu'elle dresse une liste des appareils qui, au double point de vue de la transmission téléphonique et de la bonne construction, auront paru recommandables; et ce sera seulement sur cette liste que pourront être pris les types usités sur chaque réseau.

Comme d'ailleurs une imperfection accidentelle ou inappréciable dans un examen sommaire peut rendre vicieux un appareil de bon type, il sera utile qu'avant d'être mis en service, chaque instrument destiné à un poste d'abonné soit soumis à un essai.

La procédure indiquée pour l'établissement d'une liste des types agréés, s'appliquera naturellement toutes les fois qu'un type nouveau viendrait à être proposé. Toutefois, dans l'examen des inventions, on devra se montrer assez réservé : la variété des appareils n'est pas un avantage, et il n'y a vraiment lieu d'introduire un type nouveau que s'il constitue un progrès réel. D'ailleurs, pour que cette étude préalable puisse être faite dans les conditions les plus sérieuses, il serait désirable d'en charger une commission permanente spéciale.

II. Accessoires divers.

Sonneries et appels magnétiques. — A mesure que les réseaux téléphoniques se développent, le nombre des éléments de piles de sonnerie à entretenir chez les abonnés, devient de plus en plus considérable ; de plus, pour peu que les relations ne soient pas limitées au périmètre d'une ville, mais s'étendent à un voisinage plus ou moins étendu, les piles doivent devenir plus puissantes. A l'étranger, on a paru se bien trouver de l'emploi d'appareils magnéto-électriques, qui demanderaient moins d'entretien que les piles et seraient efficaces à une plus grande distance : leur prix d'achat seul, plus élevé que celui d'une pile de sonnerie ordinaire, semble constituer un sérieux obstacle à leur usage. Jusqu'à présent en France, on n'est pas entré dans cette voie, et il serait utile de faire au moins l'expérience de ce que vaut ce système. A cet effet, il faudrait le mettre en service sur un réseau de suffisante importance.

La Section a également considéré l'emploi d'appareils électro-magnétiques au poste central. Là les avantages sont moins évidents, parce que l'entretien est aisé pour des piles qu'on a constamment sous la main. L'exemple de certains bureaux étrangers tendrait néanmoins à faire croire que cette solution peut être avantageuse en certains cas spéciaux.

Piles. — Les deux fonctions que remplissent les piles chez les abonnés sont souvent attribuées à des éléments de types différents : des de Lalande pour le microphone, des Leclanché pour la sonnerie. Un sérieux progrès consisterait à n'avoir qu'un seul type apte aux deux services. Jusque là on devra se borner à limiter, autant que possible, par des dispositions de détail, les dangers qu'entraîne l'emploi de piles de Lalande chez les abonnés. On évitera notamment que la solution de potasse ne puisse se répandre en cas de rupture d'un vase, en logeant toute la pile dans un petit bassin de fer-blanc.

Paratonnerres. — L'expérience semble condamner les paratonnerres à pointes ou à stries, auxquels on accordait autrefois plus de confiance. Soit que la construction soit devenue moins soignée, ou que la forme même de ces appareils les rende moins efficaces, M. Lagarde en France, M. Preece en Angleterre, M. van Rysselberghe en Belgique, les ont trouvés inférieurs aux paratonnerres à lame d'air ou de diélectrique. Dans ces derniers toutefois, il faut se garder de deux inconvénients : lors de la décharge atmosphérique, des particules métalliques peuvent être entraînées et former une communication continue entre les deux armatures; si l'on emploie une lame diélectrique, un défaut de cette matière peut aussi établir une dérivation permanente à la terre. Il est donc essentiel que le paratonnerre soit construit de façon que l'examen en soit aisé, et l'entretien sûr et facile. Les modèles présentés jusqu'ici n'offrent peut-être pas entière satisfaction à cet égard.

III. Entretien des piles et des appareils.

Il a paru à la section que dans toutes les opérations d'entretien, on devait se proposer de réduire au strict minimum la durée de l'interruption de service, et, en même temps, de faire aux moindres frais possible les réparations et renouvellements. A cet effet, il faut renoncer à opérer aucun travail chez l'abonné, mais seulement des remplacements. A un appareil défectueux sera aussitôt substitué un appareil de rechange, dont le poste central sera pourvu, et l'instrument retiré du service sera porté à l'atelier de réparation pour être remis en état. De même, des éléments neufs prendront la place des éléments fatigués, qui seront rapportés, démontés et nettoyés au bureau. En ce qui concerne ces derniers, il sera même prudent de ne point attendre pour ces renouvellements, que la transmission soit devenue mauvaise et ait ainsi accusé l'épuisement de la pile : mais les revisions devront être périodiques, et les éléments retirés et remis à neuf, quel que soit leur état.

IV. Établissement de plusieurs abonnés sur un seul fil.

Indépendamment des moyens matériels de réaliser de semblables installations, on peut concevoir le système pratiqué de deux manières, suivant qu'on limite aux abonnés habitant le même immeuble la faculté d'avoir un fil commun, ou qu'au contraire on ne pose pas de restrictions, et qu'on dispense même les abonnés du soin de s'entendre les uns avec les autres pour s'établir sur un fil commun.

Le premier système est le seul qui ait été pratiqué en France jusqu'à ce jour, et avec assez peu de succès; le second semble susceptible d'une tout autre extension, en se prêtant à des combinaisons d'abonnements à prix très réduits. On voit aussi quels avantages il offrirait pour le service des agglomérations suburbaines, qu'il serait onéreux, et quelquefois impossible, de relier au réseau principal par autant de circuits qu'elles comptent d'abonnés, et qui ne sont pas assez considérables pour justifier la création d'un poste central local. Le service rural même trouverait grand avantage, si un tronçon de lignes pouvait servir de raccord commun entre un bureau principal et une série de petites lignes publiques ou privées.

À tous ces titres, la question présente le plus grand intérêt; mais il faut reconnaître qu'aucun des appareils proposés jusqu'ici ne semble parfaitement satisfaisant. Les uns ne permettent pas aux abonnés branchés sur le même fil de communiquer entre eux, d'autres introduisent sur la ligne des électro-aimants dont l'influence est gênante; d'autres ont d'autres défauts encore. Certains rapports émanant de pays étrangers, permettent néanmoins d'espérer que ces difficultés ne sont pas insurmontables, et il y a lieu de suivre avec attention ce qui pourra être fait en ce sens.

À ce même ordre d'idées se rattachent les essais de combinaisons duplex ou multiples appliquées à la téléphonie. Là aussi, on en est encore aux tâtonnements; la Section ne pense donc pouvoir recommander à l'Administration aucun des systèmes connus, mais elle insiste tout spécialement sur l'utilité de poursuivre des études en ce sens.

Cabines publiques. — Les questions que soulève l'établissement des cabines publiques sont d'ordre administratif, tant qu'il s'agit de cabines placées sous la surveillance d'un agent responsable. Tout au plus la section peut-elle se borner à signaler l'avantage d'un contrôle automatique constitué par un comptage mécanique des conversations. Sur le reste, installation matérielle des cabines, types à adopter, emplacements, etc., il serait impossible de formuler aucun avis.

Quant aux cabines dites automatiques, où la perception de la taxe n'exige plus l'intervention d'un agent, la section, tout en signalant à l'Administration l'intérêt de la question et l'utilité de faire examiner les quelques types déjà proposés, ne croit pas pouvoir encore lui recommander aucun système.

Règles à donner aux abonnés. — Dans l'établissement dés formules distribuées aux abonnés pour leur faire connaître le mode d'emploi du téléphone, on doit avant tout employer un langage clair, simple, et débarrassé de tout terme technique. On devra, autant que possible, introduire dès le principe l'usage de l'appel au numéro.

G. S. L.

4ᵉ SECTION.

PRÉSIDENCE DE M. AMIOT, INSPECTEUR PRINCIPAL.

RAPPORT D'ENSEMBLE.

Dans l'exposé des avis qui ont été émis par la 4ᵉ section, nous grouperons ces avis en quatre catégories suivant qu'ils se rapportent :

1° Aux lignes proprement dites ;
2° Aux appareils qui desservent ces lignes ;
3° A l'installation de ces appareils dans les bureaux centraux ;
4° Aux renseignements statistiques demandés.

LIGNES.

Les essais de téléphonie par les longues lignes souterraines ont été infructueux jusqu'à présent ; les lignes téléphoniques interurbaines doivent donc être constituées en fils aériens.

L'extension du réseau télégraphique et l'emploi simultané des mêmes fils pour les communications télégraphiques et téléphoniques suppriment d'ailleurs la possibilité d'établir des fils téléphoniques sur des lignes spéciales.

Ces fils, qui sont généralement en bronze, doivent être placés au haut des appuis, les plus importants étant à la partie supérieure du poteau.

Les règles relatives à la construction des lignes ne paraissent pas devoir être modifiées en ce qui concerne les fils téléphoniques.

ISOLATEURS.

Les pertes ou défauts d'isolement des lignes téléphoniques nuisent à l'audition, non seulement par la diminution des courants émis, mais encore par l'effet des dérivations qu'elles déterminent entre les fils situés sur les mêmes appuis.

Avis. — La 4ᵉ section est, par suite, d'avis que les isolateurs employés sur les lignes de téléphonie interurbaine, surtout lorsque ces lignes ont une grande longueur, doivent être du meilleur type au point de vue de l'isolement.

CONSTITUTION DU CIRCUIT. — NOMBRE DE FILS.

Les communications téléphoniques peuvent s'échanger par un fil unique mis à la terre à ses deux extrémités, ou par deux fils constituant un circuit fermé.

Le fil unique réduit au minimum la longueur et, par suite, la résistance du circuit téléphonique; mais les effets nuisibles des terres, et surtout l'induction à laquelle ce conducteur est soumis de la part des fils voisins, rendent presque toujours illusoires les avantages qu'il paraît présenter tout d'abord.

Pour diminuer l'induction susmentionnée et rendre le fil téléphonique exploitable, il faut, en effet, introduire sur tous les conducteurs qui peuvent influencer l'audition, des appareils dits *anti-inducteurs* dont il convient d'ajouter le prix aux frais d'établissement du fil téléphonique; ces appareils exigent l'emploi de piles plus fortes pour assurer la correspondance télégraphique et sont extrêmement nuisibles au fonctionnement des appareils rapides qui peuvent desservir les fils sur lesquels ils sont placés.

En employant deux fils, on augmente, il est vrai, la dépense de premier établissement et la résistance du circuit, et l'on diminue de moitié le nombre des circuits téléphoniques que l'on peut placer sur des appuis; mais on peut alors disposer ces fils en ligne, de manière à diminuer dans une très large mesure l'induction des fils voisins et à laisser à ceux-ci toute la rapidité de transmission qu'ils peuvent avoir pour le service télégraphique, et la suppression des terres donne à l'audition la netteté que le public a le droit de demander, et qu'il demandera avec d'autant plus d'insistance que les réseaux téléphoniques seront exploités par l'État.

Avis. — En conséquence, la Section est d'avis :

Que le double fil doit être considéré comme la règle absolue dans le réseau interurbain, non seulement sur la partie interurbaine, mais jusqu'aux cabines et aux domiciles des abonnés qui demandent à les utiliser.

NATURE DU FIL.

Le fer a généralement donné des résultats peu satisfaisants lorsque les lignes téléphoniques atteignent une longueur un peu grande, en raison de l'influence perturbatrice que les propriétés magnétiques de ce métal exercent sur la propagation des ondes.

Le cuivre est le métal le plus apte à la transmission pratique de l'audition; mais son emploi n'est devenu possible sur les lignes aériennes que lorsque, par divers procédés de fabrication, on a pu, sans diminuer sa conductibilité, augmenter sa résistance à la rupture : jusqu'à présent cet accroissement de résistance n'a pas encore été suffisant pour que l'Administration ait jugé possible de faire donner aux fils de bronze la même flèche qu'aux fils de fer, d'où résulte généralement une diminution du nombre des conducteurs que l'on peut placer sur les appuis.

La Section n'a pas pu obtenir de renseignements suffisants pour se prononcer sur le cuivre ou le bronze qu'il est préférable d'employer sur les lignes interurbaines; elle a dû se borner à dire que le métal employé pour la fabrication des fils interurbains doit être tel, que la conductibilité de ces fils puisse être considérée comme égale à celle du cuivre pur et que leur résistance à la rupture permette de conserver le nombre maximum de conducteurs que l'on peut placer maintenant sur les appuis.

Le fil Compound, formé d'une âme de fer ou acier recouverte de cuivre sur une épaisseur convenable, réunit la résistance du premier métal à la conductibilité du second; il paraît présenter ainsi les conditions électriques et mécaniques que l'on peut demander aux fils aériens téléphoniques.

Mais nous ignorons si et à quel prix on pourrait se procurer ce fil, et comment se comportent les deux métaux inégalement dilatables dont il est formé; il serait donc peu justifié de le désigner dès à présent comme devant servir à l'établissement des lignes interurbaines.

La Section a pensé qu'il serait très désirable que l'Administration se procurât, soit en France, soit à l'étranger, une certaine quantité de ce fil Compound, fabriqué dans les meilleures conditions, pour le mettre en service sur quelques parties de lignes aériennes, et en divers points de la France où il serait exposé à de grandes variations, et savoir ainsi s'il possède les qualités nécessaires à la généralisation de son emploi.

Avis. — La Section a cru en conséquence devoir se borner à émettre les avis suivants :

1° L'emploi du fer n'est admissible qu'à titre transitoire, et seulement sur des distances inférieures à 100 kilomètres.

2° Le bronze de haute conductibilité est le métal qui jusqu'à présent a donné en France les résultats les plus satisfaisants; s'il présentait une plus grande résistance à la rupture, il remplirait toutes les conditions désirables.

Vœu n° 1. — La Section exprime le vœu :

Que l'Administration veuille bien faire établir sur un certain nombre de points du territoire soumis à de fortes variations de température, et autant que possible dans des endroits où la vérification puisse facilement s'exercer, quelques parties de lignes aériennes en fils Compound de haute conductibilité et de la meilleure fabrication pris en France et à l'étranger, pour savoir si ces fils sont d'un emploi avantageux.

DIAMÈTRE DU FIL SUIVANT LA DISTANCE.

Les éléments qui influent sur la propagation des ondes électriques paraissent être, indépendamment de l'induction mutuelle des fils, l'isolement, la résistance, la capacité électro-statique et la *self-induction.*

Ces quatre derniers éléments réagissent les uns sur les autres, de manière que, pour connaître leur influence réelle, il faut, non pas étudier successivement l'action de chacun d'eux, mais leur action simultanée.

Toutes les formules obtenues contiennent d'ailleurs des facteurs ou des constantes qui n'ont pas été déterminés d'une manière exacte.

La Section n'a pas cru qu'elle devait exposer ou apprécier les divers travaux faits à ce sujet, parmi lesquels ceux de M. Vaschy peuvent compter au nombre des plus complets; et elle a été d'avis que les formules résultant des travaux théoriques faits jusqu'à ce jour sont certainement de nature à donner d'utiles indications; que les ingénieurs doivent s'éclairer de ces indications; mais qu'elles ne permettent pas de déterminer directement le maximum de distance auquel on doit employer un fil de diamètre donné et qu'on ne peut avoir confiance, en ce moment, que dans les résultats de l'expérience.

Les résultats de l'expérience actuellement acquise sont eux-mêmes insuffisants, parce que les réseaux téléphoniques interurbains ne sont encore ni assez nombreux, ni assez variés quant à la distance, et les renseignements recueillis sur les réseaux étrangers sont trop peu précis et trop peu concordants pour que nous puissions en tirer parti.

On peut donc dire que la meilleure règle à suivre dans l'état actuel des choses est, après avoir constaté qu'un fil de certain diamètre donne une bonne audition dans des conditions déterminées, d'employer le même fil dans des circonstances analogues.

Il n'est pas douteux du reste qu'il ne soit nécessaire de se tenir bien au-dessous de la distance limite d'audition, pour ne pas s'exposer à établir des lignes dont on ne pourrait pas tirer parti.

Ainsi nous savons, par exemple, qu'en France on téléphone dans de très bonnes conditions entre Paris et le Havre, distants de 226 kilomètres, par deux fils de bronze, l'un de 2 mill. 5, l'autre de 2 millimètres, la ligne n'ayant aucune fraction sous tunnels; qu'il en est de même entre Paris et Bruxelles, distants de 350 kilomètres, avec du fil de bronze de 3 millimètres, tandis qu'il paraît admis que le fil de 4 mill. 5 est inférieur au diamètre qu'on eût dû adopter de Paris à Marseille.

La Section s'est efforcée de tenir compte, dans des limites qu'il serait difficile d'exposer sans de trop longs détails, des indications diverses, théoriques et pratiques, afin d'arriver à une appréciation convenable des diamètres à employer pour les différentes distances, en se tenant au-dessous de la limite à laquelle pourrait cesser la bonne audition.

Elle a estimé qu'il y aurait avantage à ne pas multiplier les types, pour ne pas compliquer le matériel, surtout en vue de la possibilité d'une substitution du bronze au fer pour nos lignes.

Dans la fixation des limites indiquées ci-après, elle a supposé d'ailleurs que l'on se trouvait dans des conditions normales, c'est-à-dire sans fils sous tunnels, et avec de bonnes lignes souterraines pour le trajet dans les villes, dont la longueur ne dépasserait pas 6 à 7 kilomètres.

Avis. — En conséquence, la Section a été d'avis :

1° Que jusqu'à ce qu'on ait acquis la certitude qu'il peut en être autrement, les diamètres des fils de bronze placés sur les lignes interurbaines situées dans les conditions normales, c'est-à-dire sans câbles sous tunnels, prolongées dans les villes par de bons câbles dont la longueur ne dépasse pas 6 kilomètres et constitués avec du bronze de conductibilité à très peu près égale à celle du cuivre, doivent être, savoir :

De 2 millimètres, jusqu'à 200 kilomètres ;

De 3 millimètres, jusqu'à 400 kilomètres ;

De 4 millimètres, jusqu'à 600 kilomètres ;

De 5 millimètres, au-dessus de 600 kilomètres.

Dans le cas où l'on aurait à employer des fils de diamètres intermédiaires, 0 m. 0025, 0 m. 0035, 0 m. 0045, les indications précédentes permettraient de déterminer, par une interpolation, les distances auxquelles ces fils seraient applicables ;

2° Que si la longueur des parties souterraines d'un circuit téléphonique dépasse 6 kilomètres, on considérera chaque kilomètre de câble au-dessus de cette limite comme équivalent à 10 kilomètres de fil aérien pour déterminer le diamètre à employer ;

3° Que si les longues lignes interurbaines ne peuvent pas être uniquement constituées en fils aériens, on emploiera, pour les parties souterraines, des câbles de capacité aussi faible que possible, les câbles Fortin Hermann, par exemple; et il serait désirable que les conducteurs souterrains eussent des sections peu différentes de celles des fils aériens qu'ils prolongent;

4° Que les lignes en câbles sous tunnels ne devront être admises dans les circuits téléphoniques que lorsqu'il sera pratiquement impossible de franchir ces tunnels avec des fils aériens.

Vœux. — La Section émet les vœux suivants :

1° Que l'Administration veuille bien faire recueillir, soit par des missions, soit par tout autre moyen, des renseignements aussi précis que possible sur les lignes téléphoniques en service à l'étranger, notamment aux États-Unis, et que ces renseignements soient communiqués à tous les Ingénieurs;

2° Que l'Administration fasse entreprendre les études et les expériences propres à déterminer la capacité électrostatique, la *self-induction* et l'induction mutuelle des fils aériens de natures diverses et de longueurs différentes.

MOYENS DE COMBATTRE LES EFFETS DE LA CAPACITÉ ÉLECTROSTATIQUE.

Avis. — La Section ne peut indiquer aucun moyen de combattre directement les effets de la capacité électrostatique sur les transmissions téléphoniques; elle pense que, dans l'état actuel de nos connaissances, on ne peut guère essayer d'atténuer ces effets que par un meilleur choix d'appareils.

Vœu. — La Section demande, en conséquence, qu'il soit procédé à des études et à des essais pour déterminer comment doivent être constitués les appareils téléphoniques, par rapport à l'état électrique de la ligne qu'ils sont appelés à desservir.

MOYENS DE COMBATTRE L'INDUCTION MUTUELLE;
INDUCTION DES FILS TÉLÉGRAPHIQUES ORDINAIRES SUR LES CIRCUITS
TÉLÉPHONIQUES À DOUBLE FIL.

L'induction qu'éprouve un circuit téléphonique peut provenir soit d'autres circuits téléphoniques, soit de fils télégraphiques voisins.

Le moyen le plus pratique de combattre l'induction des fils télégraphiques ordinaires sur un ou plusieurs circuits téléphoniques à

10.

double fil consiste à disposer en hélice chacun des fils de circuits. La meilleure disposition qui puisse être adoptée paraît être celle qui a été admise dans la Direction régionale de Paris et dont un dessin est mis sous les yeux des membres de la Conférence, parce que cette disposition n'augmente pas le nombre des isolateurs, n'oblige pas de couper les fils aux points de croisement, et que les croisements des fils se font, non dans les portées, mais seulement sur les appuis; il en résulte que les pertes ne sont pas augmentées, qu'on a moins de déchets de fil de bronze, et que les fils sont moins exposés aux mélanges. (*Avis n° 6.*)

INDUCTION RÉCIPROQUE DES CIRCUITS TÉLÉPHONIQUES À DOUBLE FIL.

Si une ligne ne porte qu'un circuit téléphonique à double fil, le moyen que nous venons d'indiquer suffira pour combattre les effets d'induction qui peuvent s'exercer sur ce circuit; mais si les mêmes appuis portent plusieurs circuits téléphoniques, il y a lieu de se préoccuper des moyens de se débarrasser des effets qui résultent de leur induction réciproque.

Nous considérerons, dans l'étude de ces moyens, successivement les cas où les mêmes appuis portent :

    1° 2 circuits téléphoniques;
    2° 3 ou 4 circuits;
    3° 5 ou 6 ou un nombre quelconque de circuits.

CAS DE DEUX CIRCUITS TÉLÉPHONIQUES.

Pour que l'un de ces circuits n'induise aucun courant sur l'autre, il suffit évidemment de faire en sorte que les champs magnétiques de ces deux circuits soient perpendiculaires entre eux, condition que l'on réalisera pratiquement en posant les isolateurs aux quatre sommets d'un carré ou d'un losange, et les conducteurs d'une même boucle sur les isolateurs situés sur une même diagonale de cette figure.

On voit en effet que, de cette manière, les diagonales étant perpendiculaires, l'action de chaque élément de fil sur le circuit voisin sera nulle, et le champ magnétique de l'un des circuits demeure perpendiculaire au champ magnétique du second circuit; ces deux champs magnétiques sont devenus des surfaces hélicoïdales, mais ces surfaces demeurent normales l'une à l'autre.

On remarquera en outre que toute portion de fil rectiligne parallèle ou non à l'axe et s'étendant sur toute la longueur du pas de cette quadruple hélice ne produira aucun courant induit dans les deux circuits téléphoniques parce que son action sur la première moitié du pas de l'hélice sera combattue et annulée par l'action exercée sur la seconde moitié du pas. La réciproque résulte évidemment de la théorie générale de l'induction, et les circuits téléphoniques n'auront pas d'action sur le fil considéré.

La disposition que la Section propose d'adopter, et qui a été imaginée par MM. Guerville et Bouchard, est indiquée sur un dessin et par un modèle qui sont mis sous les yeux des membres de la Conférence plénière. Cette disposition présente les avantages que nous avons reconnus au système adopté par la Direction régionale de Paris : le nombre des isolateurs n'est pas augmenté et l'on évite, dans l'intervalle des portées, les croisements de fils en projection verticale comme en projection horizontale. L'ensemble des fils tourne de 45 degrés d'un appui à l'autre, et, par suite, le pas de l'hélice est de 8 portées, c'est-à-dire de 600 mètres environ; ce pas paraît être le plus court que l'on puisse adopter si l'on veut que les croisements se fassent sur les appuis et non dans les portées, mais on pourrait diminuer sa longueur effective, si on le jugeait indispensable, en rapprochant les appuis.

CAS OÙ L'ON A TROIS OU QUATRE CIRCUITS TÉLÉPHONIQUES
SUR LES MÊMES APPUIS.

Nous avons fait remarquer que si deux boucles téléphoniques ont leurs plans perpendiculaires, leurs actions inductives réciproques sont nulles; si l'on a un groupe de deux circuits satisfaisant à cette condition, un troisième circuit ne pouvant pas être à la fois perpendiculaire aux deux premiers ne pourra pas être soustrait à leur action par une disposition semblable. Mais si l'on donne à l'hélice du troisième circuit un pas double du pas des deux premiers, les actions des deux pas consécutifs de ces derniers sur derniers sur le pas correspondant du troisième seront égales et de sens contraires, et s'annuleront.

Lors donc qu'on aura trois circuits téléphoniques à établir sur une même ligne, on groupera les deux premiers comme il a été indiqué précédemment et l'on donnera à l'hélice du troisième circuit un pas double du pas de l'hélice des deux premiers.

Si l'on a quatre circuits, le troisième et le quatrième seront groupés d'une manière semblable au premier et au deuxième avec une même hélice de pas double, c'est-à-dire de 16 portées.

Si l'on voulait continuer à appliquer ce principe à un plus grand nombre de circuits, on serait conduit à donner aux pas successifs des longueurs trop considérables; la Section a pensé que, dans la pratique, on pourrait sans inconvénient admettre que le pas de l'hélice des cinquième et sixième circuits sera le même que le pas de des deux premiers et, en général, que le pas des groupes de rang pair et celui des groupes de rang impair seront entre eux comme 1 est à 2.

Il semble résulter de l'expérience que les effets d'induction des portées d'une ligne éloignées des points extrêmes ont peu d'influence et qu'il est suffisant de les combattre sur les 10 ou sur les 20 derniers kilomètres.

Mais la Section a pensé qu'il est préférable de prolonger le système hélicoïdal d'un bout à l'autre de la ligne. On évite ainsi l'incertitude dans laquelle on peut être de la distance sur laquelle le système en hélice doit être appliqué; on est assuré de placer les circuits dans les meilleures conditions d'antiinduction, la ligne est régulière sur tout son parcours et les agents s'habituent plus facilement à suivre la rotation des fils pour reconnaître les endroits où se sont produits des mélanges.

Avis. — *a.* Pour combattre les effets d'induction réciproque de deux circuits doubles, on disposera, sur chaque appui, les isolateurs des quatre fils de ce circuit de manière qu'ils soient aux sommets d'un losange, les deux fils d'un même circuit étant sur la même diagonale de ce losange et l'on fera tourner à chaque appui chacun des fils de 45 degrés.

b. Si l'on a trois ou quatre circuits doubles sur les mêmes appuis, après avoir groupé les deux premiers comme il a été indiqué précédemment, les deux autres, également disposés sur des isolateurs en losange, formeront une hélice d'un pas double du pas de l'hélice du premier groupe.

c. Si l'on a plus de quatre circuits doubles, on groupera les circuits deux par deux, comme il a été indiqué précédemment et l'on fera en sorte que le pas des groupes pairs et le pas des groupes des rangs impairs soient entre eux comme 1 est à 2.

d. Si l'on veut diminuer exceptionnellement le pas de l'hélice sur certaines parties de la ligne, on rapprochera les appuis.

e. Le pas minimum normal étant de huit portées, c'est-à-dire de 600 mètres environ, il y aura avantage à prolonger l'hélice d'une manière continue d'un bout à l'autre de la ligne : on se trouvera ainsi dans les meilleures conditions d'antiinduction, quelles que soient les modifications qui puissent être ultérieurement apportées aux fils, et les sous-agents s'habitueront mieux à suivre la rotation régulière des fils pour découvrir les mélanges.

UTILISATION SIMULTANÉE DES MÊMES FILS POUR LA TÉLÉGRAPHIE ET POUR LA TÉLÉPHONIE.

Lorsque deux conducteurs ont été établis à grands frais pour constituer un circuit téléphonique à longue distance, on est naturellement porté à chercher à les utiliser pour les transmissions télégraphiques en raison des excellentes conditions électriques qu'ils présentent. On peut les utiliser séparément en les antiinductant par le système van Rysselberghe; mais alors les appareils antiinducteurs ont une fâcheuse influence, et ne permettent pas de se servir des fils dans des conditions satisfaisantes avec les appareils rapides.

Indépendamment des effets résultant des antiinducteurs, on a constaté que deux longs conducteurs qui suivent le même parcours en restant à une faible distance l'un de l'autre peuvent difficilement être simultanément employés pour la télégraphie rapide soit à cause des dérivations d'un fil à l'autre, soit en raison de leur induction mutuelle, soit enfin à cause des courants de charge et de décharge qui dérivent à travers les condensateurs séparateurs.

Les dérivations d'un fil à l'autre pourront être diminuées par l'emploi d'isolateurs donnant le meilleur isolement possible, comme la Section l'a demandé antérieurement.

En outre, si on le jugeait nécessaire, ces dérivations pourraient être transformées en pertes à la terre, au moyen d'un fil métallique fixé le long des appuis.

L'induction réciproque des deux fils paraît être de peu d'importance, car en admettant que les courants télégraphiques émis sur chaque fil sont antiinductés et ne troublent pas l'audition téléphonique, on se demande comment de pareils courants, qui ne produisent pas de bruit au téléphone, pourraient avoir une influence d'induction assez grande sur le fil voisin pour actionner un récepteur télégraphique.

La même remarque peut être faite au sujet de courants de charge et de décharge dérivés à travers les condensateurs séparateurs; si ces courants alternatifs ne troublent pas l'audition téléphonique, il ne semble pas qu'ils puissent actionner un récepteur télégraphique pourvu que le diélectrique des condensateurs séparateurs n'ait pas un défaut d'isolement.

Si cet isolement du diélectrique est bien assuré et que réellement les courants de charge et de décharge, bien que gradués pour le téléphone, soient suffisants pour agir sur un appareil télégraphique, la Section rappelle qu'on peut y remédier par la disposition, adoptée en Belgique, qui consiste à intercaler entre les condensateurs un transformateur dont le circuit primaire est mis à la terre en son milieu.

Cette méthode ayant l'inconvénient d'exiger l'introduction d'un transformateur, on pourrait la modifier en mettant à la terre le milieu du circuit induit de la bobine microphonique de l'abonné, et il y aurait avantage alors, pour rendre symétriques les deux branches de la boucle téléphonique, de placer un des téléphones récepteurs sur chaque côté du circuit du fil induit de la bobine, au lieu de les mettre tous deux du même côté, comme on fait d'habitude.

Nous devons faire remarquer que cette disposition suppose que le circuit de l'abonné n'est pas à fil unique; s'il en était autrement, on devrait passer du réseau urbain à fil unique au réseau interurbain à deux fils, par un transformateur auquel on appliquerait le système belge précédemment mentionné.

En raison des difficultés que l'on rencontre à utiliser séparément chacun des fils d'une boucle téléphonique pour la télégraphie, on a pensé à employer ces deux fils en les réunissant en quantité, ce qui devait donner un conducteur d'état électrique très favorable aux transmissions télégraphiques.

Mais alors il est indispensable de faire en sorte qu'à chaque extrémité de la ligne, l'appareil téléphonique et ses séparateurs constituent la diagonale d'un pont de Wheatstone, sur laquelle les courants télégraphiques ne puissent avoir aucune influence, disposition qui peut exiger un réglage variable et assez délicat.

Il faut en outre éviter que le bouclage des deux fils de ligne ferme en court circuit l'appareil téléphonique; on sera donc obligé d'augmenter la résistance et la *self-induction* des branches du pont qui sont en avant de cet appareil, et il y a lieu de se demander si, dans certains cas, on ne perdra pas au moins en partie l'avantage résultant de la mise des deux fils en quantité : c'est ce que l'expérience seule peut établir.

M. Cailho a soumis à la Section une disposition qui peut être de nature à tourner cette difficulté.

Elle consiste à introduire sur chaque fil, entre les appareils téléphonique et télégraphique, l'un des deux circuits d'une bobine

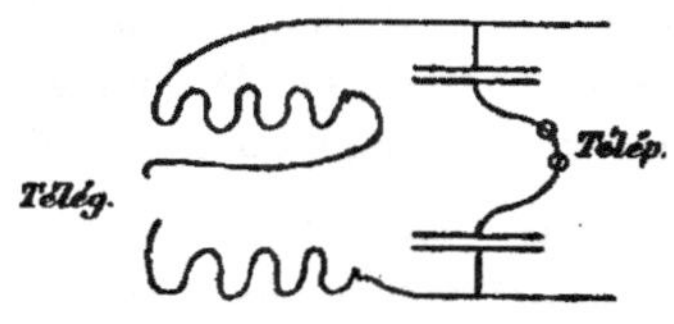

Figure 1.

d'induction, ces deux circuits étant pris de telle façon qu'un courant venant, par exemple, de l'extérieur par chaque fil de ligne les parcoure en sens inverse; de cette manière, le courant induit dans chaque circuit sera de même sens que le courant direct qui le traverse et la *self-induction* de cette bobine, tandis que tout courant téléphonique qui tendrait à dériver par cette boucle serait obstrué par la *self-induction* et par l'induction mutuelle des deux circuits.

On équilibrerait, dans ce système, approximativement les branches du pont en tant que résistances, et l'on compléterait le réglage de la bobine avec un noyau de fer doux convenablement manœuvré, de manière à rendre le téléphone silencieux.

On arriverait ainsi à amortir suffisamment l'effet des variations des émissions télégraphiques sur l'appareil téléphonique, sans ralentir sensiblement la vitesse de transmission.

a. Chacun des conducteurs bien isolés d'une boucle téléphonique peut être utilisé dans la plupart des cas pour les transmissions télégraphiques, en adoptant une disposition convenable des appareils téléphoniques.

Vœu. — Faire procéder à des études sur les modifications à apporter aux appareils antiinducteurs en vue de diminuer les inconvénients que présente leur emploi dans les télégraphes rapides.

b. Essayer en ligne des appareils téléphoniques construits avec soin, et disposés de manière que le milieu de la bobine microphonique de l'abonné soit mis à la terre, en plaçant symétriquement les récepteurs téléphoniques par rapport à ce point milieu.

Si l'on veut boucler les deux fils d'un même circuit téléphonique, pour constituer un seul conducteur télégraphique, il faut :

1° Que, à chaque extrémité de la ligne, l'appareil téléphonique et ses séparateurs constituent la diagonale d'un pont de Wheatstone, sur laquelle les courants télégraphiques n'aient aucune influence;

2° Que les branches du pont qui, à une même extrémité de la ligne, relient les appareils téléphoniques à l'appareil télégraphique, possèdent des *résistances* et des *selves-inductions* convenables pour que ces branches ne mettent pas l'appareil téléphonique en court circuit.

La Section pense que l'on pourrait arriver à ce résultat avec une bobine d'induction convenablement disposée à chaque extrémité de la ligne, comme le propose M. Cailho.

Vœu. — Essayer la disposition imaginée par M. Cailho, laquelle consiste à prolonger chaque conducteur au delà de la dérivation téléphonique, par un des deux circuits d'égale résistance d'une bobine d'induction, dont les deux circuits seraient parcourus en sens inverse par les courants venant de l'extérieur.

APPELS PHONIQUES.

La Section n'ayant pas de renseignements suffisants sur les appels phoniques employés à l'étranger, a dû se borner à porter son examen sur ceux qui ont été mis en service en France.

Les appels Mourlon ne se recommandent généralement pas par leur bonne construction et, disposés en vue d'actionner une sonnerie qui fait partie de l'appareil, ils ne se prêtent plus facilement à être utilisés comme relais d'annonciateurs; or on demande souvent aux appels phoniques de remplir cette dernière condition.

Les appels employés plus récemment dans le service interurbain, et dont le type de construction a été imaginé par M. de la Touanne, remplissent bien le double but qu'on peut leur demander.

Ces appels, actionnés par les courants induits d'une bobine Rumhkorff, vibrent sous l'action de ces courants et donnent naissance à un son assez intense pour attirer l'attention d'un agent placé à 10 mètres de l'appareil; dans ce cas, l'appel phonique agit simplement comme résonnateur.

Si, indépendamment de ce signal acoustique passager, on veut avoir un signal optique permanent, l'appel phonique devient un relais actionnant un annonciateur et l'on réunit ainsi toutes les conditions d'un bon appel. C'est ce système mixte qui a été mis en service avec succès au bureau de la Bourse de Paris.

Avis. — En conséquence, la Section est d'avis, vu les bons résultats donnés en France par les appels phoniques de M. de la Touanne, et l'absence de renseignements sur les appels employés à l'étranger, de munir les bureaux centraux interurbains des appels phoniques de M. de la Touanne.

CHOIX DES APPAREILS ET VÉRIFICATION.

Le transmetteur d'Arsonval et le transmetteur Ader pour grande distance avec le téléphone d'Arsonval et le téléphone Ader n° 3, et l'appareil Bréguet ont donné de bons résultats sur les réseaux français.

Mais les éléments constitutifs d'un appareil doivent être en rapport avec les lignes que cet appareil dessert : la bobine d'induction doit présenter dans ses deux circuits des qualités électriques respectives, fonctions pour l'un de la partie du circuit primaire formé par les charbons, pour l'autre de la partie du circuit secondaire formé par les fils interurbains.

Il y a d'ailleurs grande utilité à ce que l'abonné qui demande à jouir des communications interurbaines soit pourvu d'un appareil approprié à ces communications.

En conséquence, et sans se prononcer d'une manière ferme sur le choix de l'appareil qu'il convient de faire, et en rappelant la décision prise au sujet de l'uniformité de système d'un même réseau, la Section est d'avis :

Avis. — *a.* Que tout abonné demandant à bénéficier des communications interurbaines devra être muni d'un appareil reconnu apte à être employé pour ces communications;

b. Que l'essai de l'appareil devra être fait sur la ligne du réseau la moins bonne, ou qui exige le meilleur système.

ANNONCIATEURS DE FIN DE CONVERSATION.

Sur les réseaux urbains français à double fil, l'annonciateur de 800 à 1,000 ohms, du type construit d'après les indications de M. de la Touanne, placé en dérivation entre les deux fils dans le bureau central interurbain, indique bien les fins de conversation sans gêner les communications téléphoniques.

Sur les réseaux urbains à simple fil, un annonciateur de 50 ohms, du type construit sur les indications de M. de la Touanne, et embroché sur le fil du circuit urbain, donne de bons résultats lorsque la ligne de l'abonné ne présente pas une trop grande résistance, comme il arrive sur certains réseaux où le fil d'acier du réseau urbain est rongé par la rouille. Dans ce cas on a employé avec succès à Rouen des relais Ader embrochés sur le fil urbain.

Mais, si l'Administration admet l'avis émis par la Section sur l'obligation, pour tout abonné interurbain, d'être relié par deux fils au bureau central, les difficultés que présente le simple fil seront écartées.

En conséquence, et vu l'absence de renseignements sur les annonciateurs de fin de conversation usités à l'étranger, la Section

Est d'avis que :

Vu l'absence de renseignements sur les annonciateurs de fin de conversation employés à l'étranger, et les bons résultats donnés par les annonciateurs de MM. de la Touanne et Ader, ces annonciateurs doivent continuer à être utilisés sur nos réseaux;

Émet le *vœu* que l'Administration veuille bien faire recueillir les renseignements sur les appels phoniques et sur les annonciateurs de fin de conversation en service à l'étranger.

BUREAUX CENTRAUX.

Pour faciliter la surveillance et l'établissement des communications interurbaines, le bureau central interurbain devra toujours être placé comme l'a indiqué la 2ᵉ section, soit dans la même pièce que le bureau urbain, soit dans une pièce contiguë.

L'installation réalisée à la Bourse de Paris semble remplir à tous égards les conditions que l'on peut désirer, et peut être prise comme modèle dans la plupart des cas.

Avis — En conséquence, la 4ᵉ section émet un avis conforme à celui de la 2ᵉ, à savoir que les bureaux centraux urbain et interurbain devront être installés, suivant l'importance des réseaux, dans la même pièce ou dans deux pièces contiguës.

JONCTION DES LIGNES INTERURBAINES
AVEC LES BUREAUX CENTRAUX URBAINS.

Il est évident que, pour pouvoir utiliser simultanément tous les circuits interurbains, il faut qu'ils soient reliés au bureau central urbain par un nombre de fils au moins égal au nombre de fils interurbains ; et, comme il est nécessaire d'assurer entre les deux bureaux l'échange des communications de service, il faut en outre un supplément de fils affectés à cet usage.

Il semble qu'il y ait lieu de proscrire, quant à présent du moins, l'adduction directe des fils interurbains sur les panneaux urbains, pour éviter qu'un dérangement survenu dans un des branchements supprime toute communication par le circuit interurbain correspondant.

Avis. — En conséquence, la Section est d'avis que, si les deux bureaux ne sont pas placés dans la même pièce, auquel cas les communications de service peuvent s'échanger à la voix :

a. Le bureau central interurbain devra être relié au bureau central urbain par un nombre de fils au moins égal à celui des fils interurbains ;

b. Les communications de service entre les deux bureaux devront être assurées par un nombre suffisant de fils affectés à cet usage.

RENSEIGNEMENTS STATISTIQUES PRIS AU BUREAU DE LA BOURSE
DE PARIS.

Durée moyenne de la conversation comptée à partir du moment où les abonnés mis en rapport échangent les premières paroles : sept à huit minutes, soit sept à huit conversations par heure.

Toutefois, sur le réseau de Bruxelles, il s'échange jusqu'à trente conversations par heure, soit une conversation toutes les deux minutes; il convient de remarquer que les deux tiers seulement de ces conversations s'échangent entre abonnés, le reste ayant lieu de cabine à cabine.

Sur tous les réseaux interurbains, les abonnés communiquent directement entre eux, sauf sur ceux de Marseille et de Reims, où les communications s'échangent seulement de cabine à cabine en raison : pour le premier, de l'insuffisance électrique des fils urbains; pour le second, du mauvais état de la ligne interurbaine.

Il ne paraît pas douteux que l'on augmenterait le rendement des réseaux, si l'on comptait la durée de la conversation à partir du moment où l'on a prévenu les deux abonnés qu'ils sont en rapport.

Le tableau ci-après donne le maximum de conversations effectuées par jour à la Bourse sur les différents réseaux, en février et mars 1889, et le nombre de conversations pendant chacun de ces mois (le deuxième circuit, Paris-Bruxelles, n'est utilisé que lorsque le premier est trop chargé).

CIRCUITS.	FÉVRIER 1889.		MARS 1889.		MOYENNES PAR JOUR.
	MAXIMUM PAR JOUR.	TOTAL DU MOIS.	MAXIMUM PAR JOUR.	TOTAL DU MOIS.	
Bruxelles { N° 1	120	2,588	136	3,209	96.6
Bruxelles { N° 2	//	928	//	//	//
Le Havre	90	1,859	93	2,008	64.4
Lille	87	1,507	96	2,147	60.9
Marseille	42	678	44	807	24.7
Lyon	56	1,135	68	1,385	42.0
Rouen	60	1,156	68	1,297	59.2
Reims	27	459	27	526	18.0

5ᵉ SECTION.

PRÉSIDENCE DE M. LORIN, INGÉNIEUR,

CHEF DE BUREAU À LA DIVISION DU MATÉRIEL ET DE LA CONSTRUCTION.

RAPPORT D'ENSEMBLE.

La cinquième section avait comme programme d'études l'ensemble des questions relatives à la Télégraphie, tant en ce qui concerne les lignes qu'en ce qui se rapporte à la construction et à l'emploi du matériel de poste. Elle a donc été naturellement amenée à diviser son travail en trois parties : lignes, matériel de poste, transmission.

I. LIGNES.

1° LIGNES AÉRIENNES, DURÉE DES POTEAUX EN BOIS.

En premier lieu, l'attention de la Section a été attirée sur le fait, fréquemment constaté, que les poteaux préparés dans les dernières années ont souvent donné des résultats beaucoup moins bons que lés bois provenant des fournitures plus anciennes. Comme rien, dans l'aspect des arbres eux-mêmes, ne semble expliquer cette anomalie, on est conduit à croire que le défaut réside dans une préparation insuffisante. On peut remarquer, à l'appui de cette hypothèse, qu'en Algérie les poteaux de nouvelle fourniture, injectés par les soins de l'entrepreneur, se sont beaucoup moins bien comportés que les bois plus anciens, qui avaient été préparés en régie par les agents mêmes de l'Administration. Une autre cause d'altération rapide serait l'emploi d'arbres préparés depuis trop peu de temps : l'expérience a établi en effet qu'il y a inconvénient à planter en terre des bois préparés depuis moins d'un an. Or c'est ce qui arrive quelquefois, si l'on ne veille attentivement à ce que les bois les plus anciens soient toujours mis en distribution les premiers. Enfin, lorsqu'il y a lieu de faire des réparations à une ligne, il faut bien se garder de placer un poteau neuf dans le trou d'où l'on vient de retirer un arbre pourri : le sol imprégné des produits de décomposition exerce une action bien plus rapide et plus destructive.

Comme d'ailleurs il serait difficile d'exercer plus étroitement qu'il n'est fait actuellement la surveillance sur les chantiers des fournisseurs, on ne peut que signaler le fait à l'attention de l'Administration. (*Avis n° 1.*)

Poteaux en fer. — L'inconvénient d'une durée restreinte est à peu près le seul que présentent les poteaux en bois pour les parties courantes des lignes. Aurait-on de meilleurs résultats comme durée, d'aussi bons comme solidité, en faisant usage d'appuis en fer? Les calculs auxquels on peut se livrer sur ce point, confirment de la façon la plus complète l'expérience acquise. Même en admettant, ce qui pour certaines personnes est loin d'être prouvé, que les appuis en fer essayés jusqu'à ce jour fassent un aussi bon service que les appuis en bois, même en leur attribuant une durée très longue et en limitant à quinze ans la durée moyenne des bois, les poteaux en fer sont bien plus coûteux que ceux de bois; et à leur prix même il convient d'ajouter encore une somme importante pour frais de transport et de plantation. La construction est aussi plus difficile; il faut employer des socles en fonte ou en ciment, etc., et, en résumé, la dépense est à peu près double. Il ne semble donc pas que, sauf dans certains cas spéciaux, le fer doive prendre la place du bois pour les appuis en ligne courante. (*Avis n° 2.*)

Les mêmes conclusions ne s'étendent plus aux poteaux métalliques, que depuis longtemps on a été conduit à employer pour certains usages spéciaux : le résultat à obtenir entraînait la solution à adopter, et la question ne peut se poser que du choix entre les divers types qui ont été proposés. Mais, en raison même de la variété des circonstances, ainsi que des progrès réalisés chaque jour dans la construction métallique, il semble qu'on ne puisse prendre aucune décision de principe et que toute latitude doive être laissée au choix de l'Ingénieur.

Potelets. — Les objections qui sont faites à l'emploi du fer pour les appuis en ligne courante ne s'appliquent plus lorsqu'il s'agit de potelets : en se servant de fers ordinaires du commerce, de pro-

fil et de force convenables, on arrive aisément à établir des potelets métalliques qui ne coûtent pas plus cher et sont plus forts et
plus durables que des potelets de bois. De plus, quand il s'agit
de traversées de villes ou de passages sur des ouvrages d'art, on
ne peut se dispenser de tenir compte d'une considération qui est
absolument décisive en faveur du métal : c'est celle de l'aspect plus
ou moins gracieux des appuis; or le fer seul est susceptible d'être
employé avec une certaine variété de formes. C'est cet ensemble de
considérations qui a motivé la préférence donnée par la Section aux
potelets en fer. (*Avis n° 3.*)

Fils. — Au sujet des conducteurs, la Section avait à fournir un avis
dans la question de l'emploi plus général des fils de cuivre. Les avantages des lignes de ce genre sont bien clairs : la résistance électrique diminuée permet un fonctionnement plus régulier des appareils rapides; elle permet quelquefois de continuer le travail dans
des conditions où un fil de fer serait impropre à toute transmission.
Par contre, ces lignes sont plus coûteuses et l'on n'est pas encore
fixé sur leur durée; enfin, dans les constructions faites jusqu'à ce
jour, on a cru observer des mélanges plus fréquents.

Sur la question de durée, on ne peut faire que des hypothèses;
mais on a constaté souvent que des fils de cuivre ne se modifiaient
pas ou ne s'oxydaient que superficiellement dans des circonstances
où les fils de fer ou d'acier étaient rapidement corrodés.

Pour apprécier la dépense, il ne faut pas considérer seulement
les frais d'établissement, mais aussi le parti que l'on tire de la
ligne. Il est clair, en effet, que si un fil de cuivre permet de placer
un Baudot triple ou quadruple où le fil de fer n'eût pu recevoir
que deux claviers, il faut comparer le prix de la ligne en cuivre à
celui d'une et demie ou deux lignes en fer. Encore cette comparaison ne serait-elle pas complète, car il faudrait aussi tenir
compte que, si le nombre des fils diminue, les chances de dérangement et, par suite, les dépenses de réparation décroissent; il
faudrait également remarquer que les appuis, recevant des fils
moins nombreux ou moins lourds, peuvent être diminués ou servir
à d'autres communications.

Ces raisons semblent donc militer en faveur du cuivre : elles ont
surtout leur importance lorsqu'il s'agit de lignes longues et char-

Conférence technique.   11

gées de trafic, et c'est évidemment sur ces directions qu'il conviendrait de faire d'abord la substitution du cuivre au fer. Il y a moins d'utilité pour les lignes courtes. (*Avis n° 4.*)

Quant au danger des mélanges, il semble qu'il puisse être en grande partie atténué. Jusqu'à présent, dans la construction des lignes en cuivre, on s'était imposé par prudence de ne pas dépasser une tension d'un huitième ou d'un neuvième de la charge de rupture; et cette prescription se justifiait si l'on voulait formuler une règle unique convenant, dans leurs écarts extrêmes de température, à tous les climats de la France. Mais une telle généralité n'est pas nécessaire. D'ailleurs on paraît n'avoir pas suffisamment apprécié les qualités élastiques des bronzes commerciaux, alors que, d'après la théorie, il serait possible de tendre les fils de bronze à peu près de même que les fils de fer. De fait, des essais, restreints il est vrai, ont été faits dans l'un et l'autre mode de construction, et les mélanges, très fréquents sur les lignes peu tendues, se sont montrés très rares sur les lignes traitées comme les fils de fer. Que si l'on trouve excessif de passer tout de suite à la tension d'un cinquième de la charge de rupture, soit par crainte que le métal ne se modifie à la longue, soit pour se réserver une sécurité suffisante en cas de verglas ou de coup de vent, on peut du moins essayer de trouver une juste règle; et, à cet effet, il conviendrait de poursuivre et d'étendre les expériences commencées. (Voir note de M. Barbarat sur les tensions à adopter pour les divers fils télégraphiques ou téléphoniques.) [*Avis n° 5.*]

Dès maintenant il semble d'ailleurs établi qu'il est préjudiciable d'arrêter les fils de cuivre peu tendus sur les isolateurs à de trop courts intervalles : les moindres variations dans la position de la console, telles que celles qui résultent de la torsion des bois, suffisent à faire varier les flèches assez pour introduire des mélanges.

De plus, l'arrêtage, aux points où il est pratiqué, doit être fait au moyen d'un fil de métal doux et de petit diamètre : le fil de 1 millimètre en cuivre paraît le plus convenable.

On signale également la nécessité de faire avec le plus grand soin les soudures des fils de bronze; il est essentiel d'éviter un échauffement exagéré qui fait perdre au métal une partie de sa dureté. A cet égard, la soudure au fer est bien moins sûre que la soudure à la cuiller.

Construction des lignes. — Parmi les avantages des lignes de bronze dus à leur faible résistance électrique, on peut citer celui de se prêter à la communication téléphonique. La possibilité d'appliquer le système van Rysselberghe à des fils convenablement disposés est à coup sûr très séduisante; et comme, d'une part, les bobines antiinductrices, que l'on est obligé d'appliquer aux fils voisins d'un circuit disposé en hélice à pas très allongé, ne sont pas sans inconvénient pour la transmission sur ces fils; que, d'autre part, lorsqu'on construit une ligne neuve à deux fils, il n'en coûte pas plus de l'établir tout de suite en hélice à pas serré, la question se posait de savoir si l'on devait adopter cette disposition dès le principe.

Sur l'efficacité même de l'enroulement en hélice à pas serré, la Section n'a pas été d'accord, les uns estimant que le pas serré ne serait nécessaire que vers les bouts, les autres alléguant certains faits qui tendraient à faire croire que le pas allongé ne suffit pas même avec antiinducteurs, tandis que le pas serré rendrait la ligne silencieuse sans addition de bobine.

Jusqu'à présent l'expérience semble peu concluante : on a rencontré de sérieuses difficultés à utiliser à la fois à deux transmissions télégraphiques distinctes les deux fils du circuit téléphonique Paris-Marseille; et la meilleure solution, au point de vue télégraphique, a consisté à se servir de ces deux fils associés en dérivation comme d'un conducteur unique. On ne doit pas d'ailleurs considérer ce résultat comme définitif et il y a lieu de poursuivre l'étude de la question. (*Avis n° 6.*)

Si l'on s'en tient au système anciennement pratiqué de poser les fils en ligne droite, à plus forte raison si l'on se décide à les établir en hélice, il est désirable que l'armement des poteaux adopté pour les sections en ligne droite n'ait pas à être modifié pour les parties en courbe, où il y a lieu de soutenir le poteau par une jambe de force. Deux procédés, très voisins de l'autre, ont été proposés à cet effet. (Voir note de M. Schaeffer, sur un type spécial d'entretoise en fer, et note de M. Barbarat, pour servir à la rédaction d'une instruction sur la construction des lignes.) Les entretoises à deux colliers ne s'adaptent pas bien à la partie inférieure de l'assemblage, au-dessous des isolateurs, parce qu'on ne peut obtenir un écartement parfaitement exact des poteaux qu'on accouple; on doit alors racheter les différences avec des coins de bois. Les entretoises à quatre écrous ne sont pas plus commodes, parce que les ouvriers n'arrivent pas à percer les trous à la même hauteur, et que, par suite, l'entretoise n'est pas horizontale. Sans doute, d'autres solutions de la question pourront encore être imaginées : la Section a surtout entendu signaler l'intérêt de maintenir en courbe le même armement qu'en ligne droite. (*Avis n° 7.*)

Avant que l'on passe à l'examen des questions relatives aux lignes souterraines, un des membres de la Section fait connaître que la destruction des poteaux par les piverts peut être prévenue dans une large mesure par la simple addition de sourdines.

2° LIGNES SOUTERRAINES.

Les lignes souterraines sont de deux natures : les unes ne servent qu'à pénétrer dans les villes sans charger les façades de lignes sur potelets; les autres constituent des communications spéciales à grande distance.

Entrées de villes. — Au sujet des premières, on devait se demander d'abord dans quel cas il convenait de recourir à leur emploi. En se limitant aux considérations d'ordre technique, on a fait remarquer que souvent les guérites de coupure se trouvent fort éloignées des bureaux, ce qui, d'une part, rend plus lentes et moins sûres les opérations mêmes de coupure; d'autre part, interdit aux bureaux placés à portée de certains fils qui ne les desservent pas d'habitude, de les utiliser pour faire face à quelque travail exceptionnel. Si les lignes voisines étaient amenées au bureau par une double ligne souterraine, les coupures se feraient sur place; les communications seraient rétablies plus sûrement, avec moins de chances de dérangements par mauvais contacts; enfin, les manœuvres du genre de celles qui ont été visées plus haut seraient des plus aisées.

L'inconvénient d'introduire sur les lignes ces courtes longueurs de fils souterrains serait bien minime; l'inconvénient plus grave de défauts possibles dans ces fils souterrains ne se manifesterait guère que pour les systèmes à deux courants; d'ailleurs il serait toujours aisé d'y remédier, si l'on avait quelques fils de réserve. Les avantages d'une ligne souterraine, reliant le point de coupure au bureau, ne sont donc pas douteux. (*Avis n° 8.*)

Mode de construction. — Sur le mode même de construction des lignes souterraines urbaines, la Section a été d'accord pour condamner les lignes en ciment. Dans les quelques spécimens que l'on a pu observer, on a constaté des défauts fréquents et sans cesse renouvelés, qui ne sauraient être le fait des câbles eux-mêmes. Les lignes sous armature offrent plus de sécurité, mais sont chères; la solution la plus commode, à coup sûr, est fournie par les câbles sous plomb posés en égout, mais le nombre des villes possédant des égouts praticables est très restreint.

Si donc on tient à protéger les câbles contre les accidents mécaniques, on ne voit plus que les lignes en tuyaux soit de fer, soit de poterie. De ce dernier type on peut citer un exemple assez ancien, celui de la ligne de Toulon, mais on est assez mal édifié sur l'état réel de cette ligne. Quant aux tuyaux de fonte, ils ont toujours été trouvés fort commodes, surtout lorsque leur diamètre n'est pas trop petit; moyennant les précautions usitées relativement à la longueur des sections, à la position des manchons, aux coudes, le tirage est aisé; si les fils ne sont pas trop nombreux, ou recouverts d'enveloppes goudronnées, et si l'on ne veut pas opérer par trop grandes longueurs à la fois, il n'est pas trop difficile non plus de retirer la totalité ou même un seul des câbles posés. Les conditions seraient les meilleures, si l'on pouvait tenir la conduite étanche. Il ne semble donc pas qu'il y ait rien à changer au mode de construction adopté jusqu'à ce jour. (*Avis n° 11.*)

Raccordement aux lignes aériennes. — Les accidents ou les défauts les plus fréquents des lignes souterraines paraissent provenir de leur jonction avec les lignes aériennes.

Au point d'attache même, si l'on fait usage de poteaux en fer creux, la chaleur amène la destruction du diélectrique sur les bouts des câbles qui montent à l'intérieur de l'enveloppe métallique; il en résulte des mélanges. Si l'on se sert de guérites du type actuel, l'espace est si insuffisant que les communications des divers fils sont trop rapprochées et que les manœuvres de coupure ou d'échange de fils, impossibles avec les poteaux, ne sont guère plus praticables.

Il serait indispensable de donner aux guérites des dimensions plus spacieuses.

Paratonnerres. — Il ne serait pas moins nécessaire de modifier l'installation des paratonnerres qui y sont établis. Car si l'on admet bien l'obligation d'intercaler un paratonnerre au point de jonction d'une ligne aérienne et d'une ligne souterraine, on ne veille pas assez à s'assurer d'une bonne terre pour ces paratonnerres. (*Avis n° 12.*)

Au reste, la nature même des paratonnerres donne lieu à critique. Il est fort peu probable, en effet, que des fils renfermés dans des conduits métalliques communiquant à la terre et posés dans le sol des rues, où les maisons suffiraient à assurer la protection des lignes aériennes, puissent être directement foudroyés. Les effets que l'on observe doivent donc être attribués à des décharges qui ont atteint les sections aériennes dans la campagne, et qui ont été transmises par le fil à la section souterraine. On ne saurait s'en étonner : les paratonnerres Bertsch sont peu efficaces. Les expériences de M. Preece en Angleterre, de M. van Rysselberghe en Belgique, de M. Lagarde en France, montrent le paratonnerre à lame d'air bien préférable dans sa forme ordinaire, et il serait possible de l'améliorer encore, grâce aux moyens dont dispose actuellement l'industrie pour faire le vide dans des ampoules de verre. Les paratonnerres du type Varley pourraient être employés simultanément, pour se tenir en garde contre les décharges dont la tension ne serait pas assez grande pour déterminer l'étincelle à travers la lame d'air. (*Avis n° 9.*)

Lignes à grande distance. — La plupart des observations précédentes s'appliquent aux lignes à grande distance. La Section ne voit d'autre recommandation à faire que celle de pourvoir les lignes souterraines d'une terre aussi distincte que possible de celle qui sert aux lignes aériennes. Il serait à craindre en effet que, si les deux sortes de lignes étaient reliées à la même plaque de terre et que celle-ci n'eût qu'une communication médiocre avec le sol, ou que le sol même fût résistant dans le voisinage de la plaque, les décharges atmosphériques qui auraient frappé les lignes aériennes ne prissent leur écoulement par la ligne souterraine, et au travers de son diélectrique plutôt que par cette terre insuffisante. (*Avis n° 10.*)

II. MATÉRIEL DE POSTE.

Indicateurs d'appel. — La Section signale l'utilité des indicateurs d'appel, surtout pour le service de nuit; elle estime qu'on ne saurait trouver un inconvénient sérieux dans l'addition d'appareils supplémentaires dans un poste de quelque importance; elle estime en particulier que les centres de dépôt devraient être pourvus d'indicateurs.

Construction des appareils. — Depuis quelques années, la construction des appareils télégraphiques achetés à l'industrie paraît être moins soignée. Soit que les prix soient trop avilis, soit que les matières employées ne soient plus de qualité suffisante, on constate que les appareils construits il y a quelques années valent mieux que ceux des dernières fournitures. Peut-être, si l'on veut maintenir les prix actuels, tout en améliorant la qualité des organes essentiels, faudrait-il attacher moins d'importance à l'aspect extérieur, à l'apparence des instruments.

Les mêmes observations s'appliquent à l'outillage des lignes.

Il y a lieu, assurément, de tenir compte de la façon très insuffisante dont les appareils sont soignés dans les bureaux, exposés à la poussière, à la fumée, graissés sans mesure, maintenus en service quand ils sont déjà en partie usés. Mais on ne saurait voir dans ces circonstances la cause principale de la mauvaise qualité des appareils : le système des adjudications entraîne forcément l'avilissement des prix et, par suite, l'emploi de matières médiocres. Il serait désirable que, se prévalant de la réserve que la loi a formellement faite au sujet des appareils de précision, l'Administration pût recourir aux adjudications restreintes plutôt qu'aux adjudications publiques. (*Avis n° 15.*)

Entretien des appareils. — Quant au mauvais entretien des appareils en service, on pourrait essayer d'y porter remède dans une certaine mesure. Les commis mécaniciens ne sont généralement pas en état de faire convenablement le service d'entretien, qu'on leur demande en sus du service ordinaire. Il serait bien préférable d'avoir, dans chaque département, un véritable mécanicien qui fît des tournées dans les bureaux et réparerait sur place les appareils défectueux : on trouverait grand avantage à remplacer ainsi l'adjoint au chef surveillant, qui a des fonctions peu importantes. (*Avis n° 16.*)

Certains membres de la Section ont aussi fait observer que c'est une pratique vicieuse, entièrement opposée à l'esprit de l'industrie, que de laisser en service des appareils déjà fatigués, qui fournissent un médiocre service et qui achèvent de se détruire. Le travail serait mieux fait et les réparations moins onéreuses, si l'on faisait le contraire, si l'on ne gardait en mains que des appareils en parfait état, et si l'on envoyait à la revision tout instrument, même en bonne condition, qui aurait fourni un certain service. Ce système, dont la Section a reconnu les avantages en principe, lui a paru toutefois soulever d'assez sérieuses difficultés d'exécution.

Piles. — En ce qui concerne les petits bureaux, la pile Leclanché paraît être la plus avantageuse. Mais il serait utile de rappeler au personnel qu'il ne suffit pas, pour tenir la pile en état, d'y rajouter indéfiniment du sel ammoniac; il faut aussi, de temps en temps, vider entièrement les vases, et faire un montage à neuf. (*Avis n° 17* bis.)

Pour les grands bureaux, la pile Callaud est à la fois la plus économique et la plus facile à surveiller : les éléments petit modèle, qui offrent une trop grande résistance, devraient être remplacés par des éléments à spirale. On aurait intérêt à rendre réglementaires, pour le montage de ces piles, les procédés que M. Baudot a appliqués dans les grands bureaux. Au lieu de monter l'élément avec de l'eau, on se sert d'une solution de sulfate de zinc à 12 ou 14 degrés Baumé, provenant d'une vieille pile ou préparée *ad hoc* au moyen de sulfate de zinc en cristaux. On ajoute alors le sulfate de cuivre et, par la suite, on retire du sel de zinc et l'on ajoute de l'eau, de façon que la liqueur ne pèse pas plus de 22 ou 23 degrés Baumé. Cette manière de faire donne des résultats très bons et très constants; la résistance des éléments est de 4,5 à 5 ohms. Il est d'ailleurs essentiel de tenir les zincs complètement enfoncés dans la solution; le sulfate de cuivre en cristaux doit être entretenu, sans quoi la tige de cuivre risque de se couper au point où l'atteint la solution de zinc. Le même accident se produit si la gaine en gutta, qui recouvre cette tige, présente des crevasses. Enfin, la production des sels grimpants est évitée si l'on enduit le bord des vases de paraffine ou mieux encore de peinture à l'ocre jaune. (*Avis n° 17.*)

Groupement des piles. — Le groupement des piles, suivant la disposition en « échelle d'Amsterdam », convient parfaitement pour les grands bureaux. Partout où ce montage a été employé, il a donné les meilleurs résultats; outre qu'il diminue d'une façon très considérable le nombre des éléments nécessaires, il offre les deux avantages de rendre l'entretien plus aisé, puisqu'on peut refaire chaque série tour à tour, et de donner la plus grande facilité pour les changements de pile que l'on peut avoir à faire pour parer à des pertes survenues sur un fil.

Les postes de province ont, pour la plupart, conservé deux piles, dont l'une leur sert à correspondre au Hughes avec Paris, en courant négatif. Or presque tous les appareils Hughes, actuellement en service, étant pourvus du déclenchement automatique, peuvent travailler en courant positif; il n'y a donc plus lieu de maintenir cette double pile et l'on devra la supprimer à mesure de la disparition des Hughes non pourvus de déclenchement automatique.

Remplacement des piles par des machines dynamo-électriques ou des accumulateurs. — Étant donnés les bons résultats obtenus avec des piles convenablement groupées, l'intérêt de la substitution à ces piles de machines dynamo-électriques n'est guère apparent, lorsque l'installation existe déjà. Dans une installation neuve, surtout si elle comprend, pour d'autres usages, une force motrice, l'emploi de machines ferait gagner de la place. L'essai qui en a été fait au Poste central pendant quinze mois a été très satisfaisant, et l'accident qui semble le plus à craindre dans ce système, la chute d'une courroie qui, en arrêtant la dynamo, priverait de courant tous les appareils du poste, ne s'est pas produit une seule fois pendant tout ce laps de temps. Il serait d'ailleurs aisé de le rendre moins probable encore par un choix de dispositions mécaniques convenables. De plus, on pourrait garder comme réserve une batterie d'accumulateurs, que la dynamo rechargerait de temps en temps et qui d'ordinaire resteraient entièrement isolés. Quant à l'emploi habituel d'accumulateurs, l'opinion est moins assise, ou du moins on peut dire que le service fait par des accumulateurs était bon, mais que ces appareils n'ont pas fourni une durée de service suffisante. Tant qu'on ne possédera pas un type d'accumulateur plus durable, moins sujet à se décharger spontanément par gondolement des plaques ou chute d'oxydes, le service par une dynamo paraîtra plus assuré, surtout avec les précautions mentionnées. (Voir note de M. Godfroy, sur l'emploi des machines dynamo-électriques et des accumulateurs au Poste central de Paris.) [*Avis n° 20.*]

III. TRANSMISSION.

Moyens à employer pour accroître le rendement des lignes souterraines à longue distance. — Les causes qui contribuent à rendre plus difficile et plus lente la transmission sur les lignes souterraines à longue distance sont de deux sortes : les courants d'induction électro-statique ou électro-dynamique, dus au rapprochement des fils qui travaillent à la fois; les courants telluriques qui circulent dans les conducteurs. (Voir note de M. Baudot, sur le mode d'exploitation des lignes souterraines à grande distance, et note de M. Godfroy, sur une méthode de compensation et de décharge automatique pour les lignes dont la capacité électrostatique n'est pas négligeable.) Les courants induits troublent le fonctionnement des appareils qui, comme le Hughes, doivent recevoir l'émission du courant à un instant tout à fait précis : ce moment peut être avancé ou retardé par le fait de ces influences. Les relais, si bien réglés qu'ils soient, sont aussi dérangés par ces courants induits, qui ajoutent ou opposent leur action à celle du courant de ligne et rompent ainsi l'équilibre très délicat qu'on cherche à établir dans le réglage entre les actions locales et les effets du courant du correspondant. Les courants telluriques ne sont pas moins gênants : certains indices, qui paraissent leur attribuer un caractère ondulatoire, donneraient aussi un jour sur la façon de les rendre inoffensifs.

En résumé, la grande longueur des lignes paraît être un sérieux inconvénient, et il pourrait y avoir avantage à sectionner au moyen de relais; les influences secondaires seront moins sensibles sur les lignes traversées au repos par un courant permanent de sens contraire au courant de travail. Enfin, il semble établi, aussi bien par les observations faites que par l'expérience du service dans certains pays étrangers, qu'il est préférable, quand on le peut, de ne pas faire alterner les transmissions dans un sens et dans l'autre sur un même fil; sur les directions assez chargées pour comporter plusieurs conducteurs, il serait plus avantageux de consacrer un fil à la transmission dans un sens, un autre fil à la transmission de retour.

Quant aux moyens artificiels que l'on a essayés pour améliorer les lignes, tels qu'enveloppes métalliques séparant les câbles les uns des autres et devant supprimer tout effet d'induction électrostatique, ils n'ont eu jusqu'à présent aucune efficacité.

Les améliorations ont pu aussi être cherchées dans une autre voie, celle de la modification des appareils. Les effets d'induction statique ou dynamique ne sont sensibles que s'ils se produisent brusquement, en toute liberté, en sorte que toute la quantité d'électricité mise en mouvement dans le courant induit s'écoule dans un temps très court, formant un courant d'intensité appréciable. Il en est autrement si les dispositions prises répartissent, en quelque sorte, sur une certaine durée ce flux d'électricité. On obtient ce résultat par l'emploi, en divers points de la ligne et surtout aux postes transmetteurs, de dérivations présentant une résistance relativement faible et une *self-induction* considérable.

Le premier mode de procéder est en usage sur les lignes desservies par les appareils Baudot; le second a fait l'objet d'essais tout à fait favorables. Il serait donc désirable de poursuivre l'étude et de développer l'application de ces dispositions. (*Avis n° 21.*)

Emploi du téléphone dans le service rural. — Les lignes à trafic très faible ne soulèvent guère moins de difficultés que les lignes à très grande activité, mais ce sont des difficultés d'un autre ordre. Il s'agit, étant donné le produit minime de ces fils, de réduire autant que possible les frais d'exploitation et, pour cela, d'employer les procédés les plus simples et d'utiliser au mieux les fils existants. A cet égard, le problème de la télégraphie rurale est des moins aisés à résoudre. Toutefois l'expérience faite dans des circonstances beaucoup moins favorables en France, et l'exemple des pays voisins ont permis de penser que l'on pourrait trouver une solution satisfaisante par l'emploi du téléphone. En effet, ces appareils, ne comportant ni soins de réglage ni manipulations, présentant fort peu de dérangement, n'exigent plus pour leur service des agents spécialement exercés; ils offrent d'ailleurs, au point de vue des transmissions, une sécurité tout à fait comparable à celle des appareils inscripteurs, surtout lorsque ces derniers sont mis dans des mains peu expérimentées. Ces appareils se prêteraient d'ailleurs à des groupements économiques; on pourrait mettre sur le même fil trois ou quatre postes se distinguant par la nature de leurs appels, de sorte que les frais de ligne seraient partagés entre plusieurs localités. Les frais d'appareils seraient d'ailleurs moins élevés que si l'on voulait s'en tenir aux appareils télégraphiques. La manière même d'organiser un réseau téléphonique rural peut être conçue de diverses façons; mais il n'appartenait pas à la Section d'entrer dans l'étude de cette question administrative. Elle s'est bornée à signaler l'avantage, au point de vue technique, de l'emploi du téléphone, et la possibilité de faire des groupements. (*Avis n° 14.*)

Service dans les centres de dépôt. —— La Section avait aussi porté son attention sur les mesures à prendre en vue d'assurer, dans les centres de dépôt, la meilleure exécution du service; elle avait, en ce sens, examiné divers points se rapportant soit au tracé général du réseau, soit à la nature des appareils destinés à desservir les lignes répondant à des destinations diverses; elle s'était occupée également d'assurer à ces appareils une direction convenable; enfin des procédés permettant de vérifier, en cas de dérangements, la nature des défauts, et surtout la façon dont pourraient être faites ces recherches. Mais il a semblé, après un échange de vues durant lequel les membres de la Section n'avaient cessé de se trouver en accord unanime, que ces diverses questions étaient plutôt du domaine de l'exploitation, et qu'elles devraient être traitées en dehors de la Conférence.

G. SÉLIGMANN-LUI.

MÉMOIRES ANNEXES.

NOTE

SUR UN TYPE SPÉCIAL D'ENTRETOISE EN FER,

par M. Schaeffer, sous-ingénieur.

Ce type d'entretoise en fer permet, dans les appuis d'angle, d'éloigner la jambe de force du pied-droit, et, partant, d'armer ce dernier dans des conditions identiques à celles du poteau d'alignement, avec consoles longues et courtes alternées.

Cette entretoise, dont l'utilité est incontestable pour maintenir l'espacement uniforme de o m. 5o entre les conducteurs, a été établie dans le premier semestre 1887 et soumise à cette époque à l'Administration, à l'occasion des remaniements qu'a dû subir une partie des lignes existantes de la Côte-d'Or, lors de la constitution du grand circuit téléphonique de o m. oo45.

L'entretoise primitive, ayant été l'objet de certaines critiques justifiées, a subi quelques modifications de détail; et le type actuel (novembre 1887) a déjà fourni une expérience de deux années, dans des conditions fort diverses. L'Administration vient au surplus d'en autoriser l'application en grand sur une ligne principale de 3o kilomètres, entre Dijon et Is-sur-Tille, avec 7, 8 et 9 fils de fer des 3 calibres en u·age.

Ce type se compose de deux fers méplats, de o m. o12 sur o m. o45, rivés l'un à l'autre, le fer supérieur ABC (fig. 2) courbé en A et se terminant en C par une tige filetée qui pénètre dans le pied-droit et maintient ce dernier à l'aide d'un écrou avec embase circulaire; le second fer A'BC' présente deux courbures venant s'adapter aux faces internes du pied-droit et de la jambe de force. Des boulons maintiennent l'assemblage en A'A' et C' avec des colliers semi-circulaires épousant la forme des poteaux. Le système est enfin complété par une ou deux entretoises droites en fer rond de o m. o25, suivant qu'il s'agit d'un jumelé de 8 ou de 1o mètres, l'entretoise ronde pour 8 mètres étant placée à 3 m. 45 du sommet (entre le septième et le huitième rang de l'armement); celles pour 8 mètres, la première à 2 m. 4o, la seconde à 4 m. 4o du sommet.

L'entretoise complète, avec les boulons, pèse 7 kilogr. 5oo et coûte 4 fr. 5o, peinture comprise.

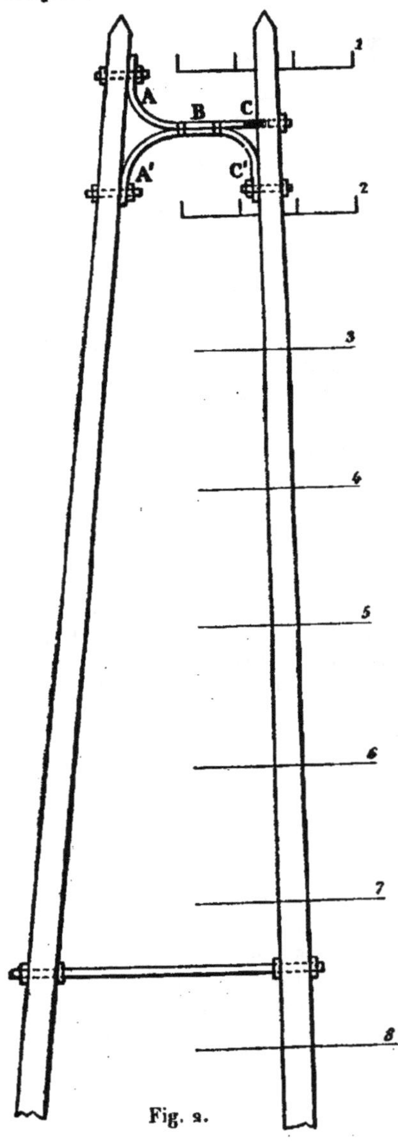

Fig. 2.

NOTE

SUR UN NOUVEAU TYPE DE POTELET EN FER,

par M. Schaeffer, sous-ingénieur.

Ce potelet, scellé en façade, supporte, dans une des branches de la traversée de Châtillon, 9 fils de bronze de 0 m. 002 avec 7 places disponibles;

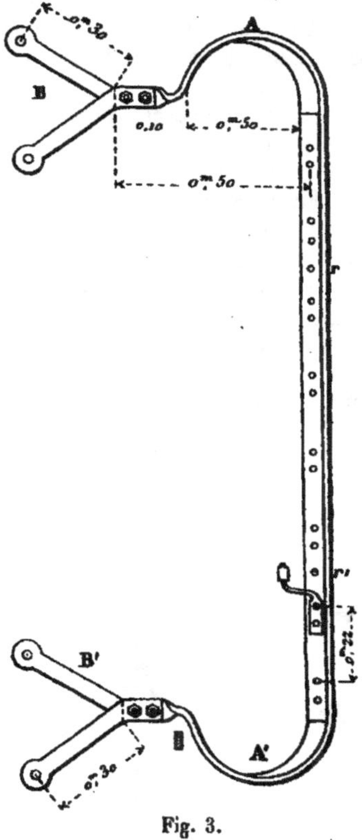

Fig. 3.

dans l'autre, 3 fils avec 5 places disponibles. Les deux branches se réunissent à un potelet central en fer à T, fixé au toit du bâtiment du bureau.

La figure 3 représente le potelet d'angle. Il se compose d'un fer méplat de o m. o5 sur o m. o16, de longueur convenable, courbé circulairement à ses deux extrémités A et A', et terminé par une patte BB' de o m. 3o de long. Le bout de cette patte est arrondi et percé d'un trou taraudé, où s'engage, pour la pose, un goujon à scellement fixé dans la maçonnerie et maintenant la patte BB' à l'aide d'un écrou extérieur.

A la naissance de la patte BB' vient s'adapter une seconde B_1B_1', de même forme, solidement fixée par deux gros et forts boulons de o m. o8 sur o m. o2 et destinée à embrasser la seconde face de l'angle solide. La forme du potelet, dont la longueur et la saillie doivent dépendre tant du nombre et de la catégorie des conducteurs prévus que des conditions locales, permet un armement régulièrement uniforme sur les deux faces, avec consoles courtes et longues alternées.

Afin d'augmenter la solidité et la résistance du métal, le fer méplat peut être doublé, dans toute la partie réservée à l'armement, d'un fer à U de même largeur, maintenu au moyen de deux rivets r, r' et des boulons servant à fixer les isolateurs. En sorte que la section droite du potelet offre entre les points C et C' la disposition représentée à la figure 4.

Le potelet d'angle de la traversée principale de Châtillon pèse environ 38 kilogrammes. Sa longueur totale est de 2 m. 10. Il a été placé suffisamment haut pour permettre, eu égard à la légèreté du fil, l'adoption de portées transversales très grandes. Chaque isolateur a d'ailleurs été muni d'une sourdine spéciale.

Le potelet intermédiaire en ligne droite (fig. 5) est un peu plus simple

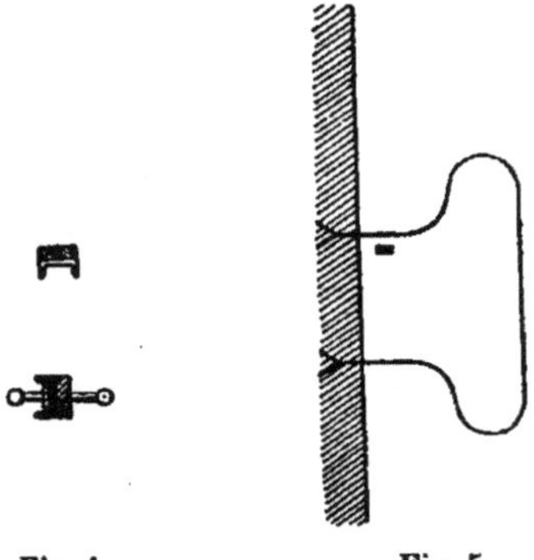

Fig. 4.   Fig. 5.

et ne diffère du précédent que par les scellements. Le fer se recourbe comme ci-dessus en arc de cercle, pour pénétrer ensuite horizontalement dans la maçonnerie sous forme de tiges à scellement bifurquées.

Les variantes du type précédemment décrit et qui a été avantageusement répandu, peuvent être très nombreuses. Je vais en citer quelques exemples :

1° Dans la traversée de Châtillon, entre la ville proprement dite et le chemin de fer, l'absence de maisons a motivé la plantation de quelques poteaux contre des haies ou murs de clôture, et il a été parfois nécessaire de dégager les fils, soit des arbres de promenade, soit des façades d'édifices.

J'ai adopté, dans ce cas, le système représenté à la figure 6. Le potelet, en fer, du même type que précédemment, a la forme d'un ovale incomplet et aplati; il est fixé en tête du poteau soit par des brides, soit de préférence par des boulons. L'effet de flexion sur la tête de l'appui est insensible. Inutile d'ajouter au surplus que ce système n'a aucune raison à être adopté en courbe avec tirage en dehors.

2° Il peut être avantageusement appliqué en pleine ligne, lorsqu'on rencontre des tranchées en roc très étroites, où l'armement d'un poteau sur ses deux faces est difficile. Ce cas se rencontre assez fréquemment dans la Côte-d'Or, entre Blaisy-Bas et Dijon (fig. 7).

3° Une traversée de ville aérienne est-elle très chargée (celle de Lons-le-Saunier, par exemple, qui compte jusqu'à vingt conducteurs), il suffit de compléter les types n° 1 et 2 en achevant l'ovale au moyen d'un second fer identique au fer antérieur; on obtiendra ainsi un potelet offrant quatre faces disponibles pour l'armement (fig. 8).

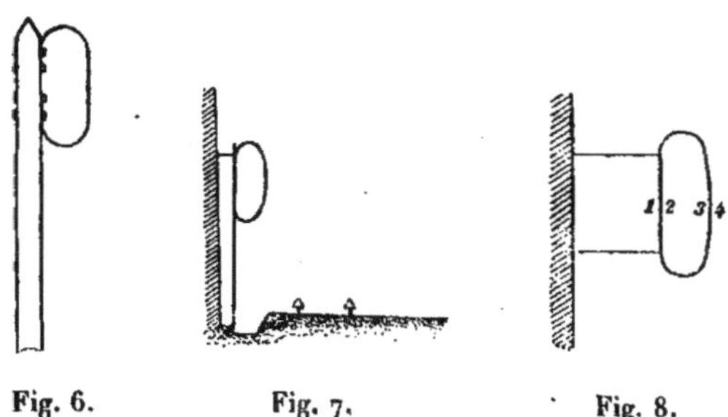

Fig. 6.   Fig. 7.   Fig. 8.

4° Le système, avec de légères modifications, pourra être utilisé dans un grand nombre de cas, pour maintenir la disposition de l'armement de lignes doubles ou triples, quand l'espace fait défaut pour la plantation de front de plusieurs rangées de poteaux.

Voici, à cet égard (fig. 9), une disposition qui a été réalisée sur une section de ligne double entre Franois et Besançon, où la bande de terrain disponible est trop étroite pour permettre de planter deux poteaux de front; la largeur du système est celle des entretoises ordinaires, c'est-à-dire o m. 90 environ.

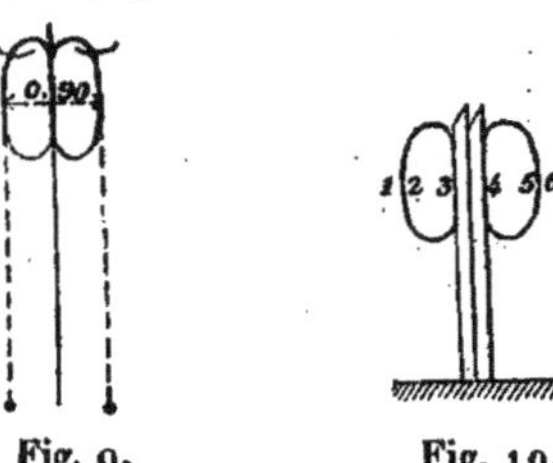

Fig. 9.   Fig. 10.

5° Enfin, dans le cas d'une ligne triple, la même disposition pourra être adoptée. Toutefois, eu égard au nombre des fils, il sera prudent de faire supporter les potelets par un groupe de deux poteaux juxtaposés (fig. 10). On obtiendra de cette façon six faces pour l'armement, en comprenant les faces libres des poteaux.

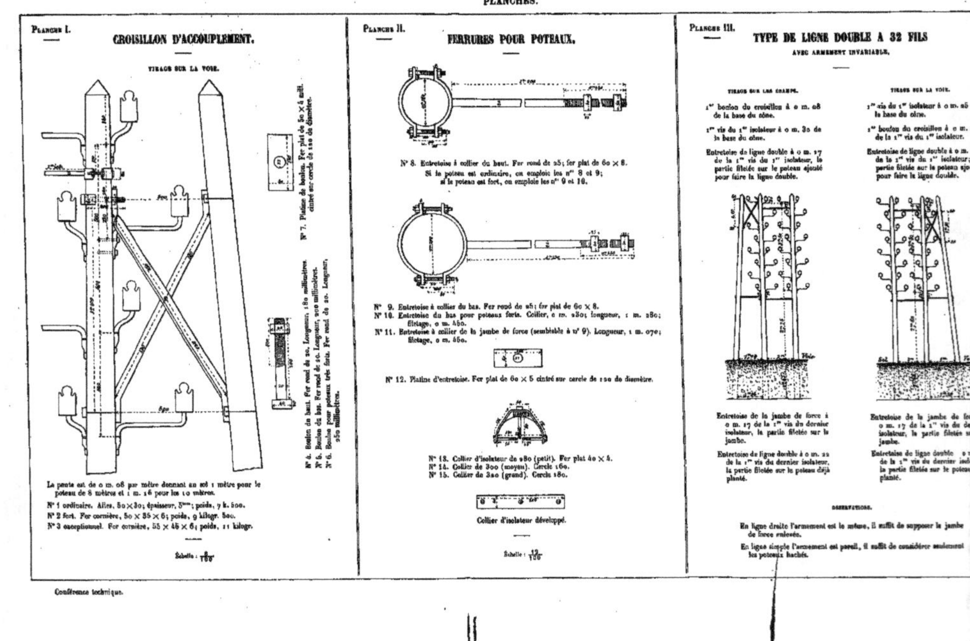

PLANCHE I. — CROISILLON D'ACCOUPLEMENT.

TIRAGE SUR LA VOIE.

La pente est de o m. o8 par mètre donnant au sol 1 mètre pour le poteau de 8 mètres et 1 m. 16 pour les 10 mètres.

N° 1 ordinaire. Ailes, 50 × 30; épaisseur, 5mm; poids, 7 k. 500.

N° 2 fort. Fer cornière, 50 × 35 × 6; poids, 9 kilogr. 500.

N° 3 exceptionnel. Fer cornière, 55 × 45 × 6; poids, 11 kilogr.

N° 4. Boulon du haut. Fer rond de 20. — N° 5. Boulon du bas. Fer rond de 10. Longueur, 510 millimètres. — N° 6. Boulon pour poteaux très forts. Fer rond de 20. Longueur, 510 millimètres. — N° 7. Platine de boulon. Fer plat de 60 × 4 milli. cintré sur cercle de 120 de diamètre.

Échelle : 8/100

PLANCHE II. — FERRURES POUR POTEAUX.

N° 8. Entretoise à collier du haut. Fer rond de 25; fer plat de 60 × 8.
Si le poteau est ordinaire, on emploie les n°s 8 et 9;
si le poteau est fort, on emploie les n°s 9 et 10.

N° 9. Entretoise à collier du bas. Fer rond de 25; fer plat de 60 × 8.
N° 10. Entretoise du bas pour poteaux forts. Collier, o m. 230; longueur, 1 m. 280; filetage, o m. 460.
N° 11. Entretoise à collier de la jambe de force (semblable à n° 9). Longueur, 1 m. 070; filetage, o m. 460.

N° 12. Platine d'entretoise. Fer plat de 60 × 5 cintré sur cercle de 120 de diamètre.

N° 13. Collier d'isolateur de 280 (petit). Fer plat 40 × 4.
N° 14. Collier de 300 (moyen). Cercle 160.
N° 15. Collier de 320 (grand). Cercle 180.

Collier d'isolateur développé.

Échelle : 12/100

PLANCHE III. — TYPE DE LIGNE DOUBLE À 32 FILS

AVEC ARMEMENT INVARIABLE.

TIRAGE SUR LES CHAMPS.

1er boulon du croisillon à o m. o8 de la base du cône.

1re vis du 1er isolateur à o m. 30 de la base du cône.

Entretoise de ligne double à o m. 17 de la 1re vis du 1er isolateur, la partie filetée sur le poteau ajouté pour faire la ligne double.

TIRAGE SUR LA VOIE.

1re vis du 1er isolateur à o m. 25 de la base du cône.

1er boulon du croisillon à o m. 28 de la 1re vis du 1er isolateur.

Entretoise de ligne double à o m. 17 de la 1re vis du 1er isolateur; la partie filetée sur le poteau ajouté pour faire la ligne double.

Entretoise de la jambe de force à o m. 17 de la 1re vis du dernier isolateur, la partie filetée sur la jambe.

Entretoise de ligne double à o m. 22 de la 1re vis du dernier isolateur, la partie filetée sur le poteau déjà planté.

OBSERVATIONS.

En ligne droite l'armement est le même, il suffit de supposer la jambe de force enlevée.

En ligne simple l'armement est pareil, il suffit de considérer seulement les poteaux hachés.

NOTE

SUR UN TYPE SPÉCIAL D'ENTRETOISE EN FER,

par M. BARBARAT, inspecteur-ingénieur.

———

L'armement en ligne droite ne présente aucune difficulté; il n'en est pas de même de l'armement en courbe, si on veut s'astreindre à certaines conditions qui semblent indispensables, telles que : faculté d'augmenter le nombre des fils sans avoir à remanier les fils déjà posés; fil retenu par le poteau en cas de bris de l'isolateur; pas d'isolateurs sur la jambe de force; pas de changement de côté pour les fils, ce qui est disgracieux et nuit au bon maintien du réglage; nombre de poteaux réduits au minimum.

Le système suivant, que j'ai employé à Bourges (depuis mars 1887) en quelques points d'angle, me semble remplir ces conditions.

On arme le poteau d'angle exactement comme le poteau en ligne droite, et l'on fixe la jambe de force au moyen d'un fer en forme de croix de Saint-André qui laisse toute la face d'accouplement disponible pour l'armement.

Ce croisillon (n° 1) pèse 7 kilogr. 500 en fer cornière de 3 kilogrammes par mètre courant. Il n'est pas plus lourd qu'une entretoise avec transversale telle qu'on l'emploie en mettant les deux poteaux parallèles. L'accouplement est bien plus solide, car les deux poteaux sont reliés par des tringles qui sont indéformables si les fers ne cèdent pas.

Dans tout assemblage autre que le système triangulaire, il peut y avoir déformation.

L'accouplement se maintient aussi bien que possible dans le sens latéral à cause de la nervure du fer cornière.

Les planches 1 et 2 donnent les détails des ferrures.

Le croisillon n° 1 sert pour les lignes de bronze à 32 fils, avec emploi du croisillon n° 2 quand l'angle est de moins de 120 degrés.

Le croisillon n° 2 sert pour les lignes en fer à 32 fils, avec emploi du croisillon n° 3 quand l'angle est de moins de 120 degrés.

Ces croisillons doivent se faire en fer en U de même poids au mètre courant. On trouve ces fers plus difficilement dans le commerce.

Le croquis ci-joint (pl. III) indique la manière d'armer, dans le cas du tirage sur la voie et sur les champs; il y a une petite différence afin de conserver le premier isolateur court toujours du côté de la voie, de manière que la ligne soit partout pareille. J'ai essayé plusieurs modèles avant d'arriver au type que je propose. Je suis arrivé à donner 1 m. 10 de hauteur pour augmenter la solidité de l'assemblage. La pose du fil qui est à l'intérieur du croisillon ne présente aucune difficulté.

L'entretoise à un collier et à un bout fileté, pour l'assemblage de la jambe de force n° 11, est plus commode que l'entretoise droite : si les deux trous ne sont pas exactement à la même profondeur, l'entretoise n'est pas horizontale, ce qui est très disgracieux. L'entretoise à un collier se règle, au contraire, très facilement.

Pour la ligne double faite après la ligne simple, l'entretoise à collier est presque indispensable; il serait très difficile de percer deux trous à la même hauteur pour y placer l'entretoise droite.

Or je regarde une deuxième entretoise comme très utile au-dessous des isolateurs pour la consolidation du poteau ajouté qui, sans cela, tendrait à se courber. Dans ces conditions, il est encore préférable de se servir d'entretoises ayant, d'un côté, un collier, de l'autre, une partie filetée (n°ˢ 8 et 9); le réglage en est très commode. Ce réglage serait impossible avec une entretoise à deux colliers, très délicat avec une entretoise droite. J'ai remarqué, sur les quelques accouplements de ce système qui sont en gare de Bourges, que la plantation avait été très facile.

En se reportant aux conditions qui avaient été posées au début, on peut voir qu'elles sont entièrement remplies par le seul fait que l'armement dans les courbes est le même qu'en ligne droite. Il ne peut y avoir de remaniement, puisque, si une place est disponible sur un poteau, elle le sera sur tous les autres qui sont rigoureusement semblables.

Ce genre d'accouplement est aussi solide que l'accouplement avec boulon de tête, ainsi que l'expérience l'a prouvé. Le nombre des modèles de ferrure est très restreint; quelques-unes doivent être renforcées dans certains points difficiles, mais la distribution n'est pas compliquée par ce fait, car ces points sont connus d'avance, et l'on doit y employer aussi des poteaux plus forts.

En petite quantité, ces fers ont été payés :

Croisillon..	0ᶠ 75 le kilogr.
Entretoises à collier................................	0 65
Platines..	0 60
Boulons...	0 45

Il est probable qu'en quantité plus grande on ne payerait pas les croisillons plus de 0 fr. 60.

Il ne faut pas, d'ailleurs, comparer ce croisillon au boulon de tête, en ce qui concerne le prix, car l'accouplement avec boulon de tête ne permet pas de placer trente-deux fils en ligne double dans les courbes, sans armer sur la jambe de force, ce qui est actuellement interdit en principe. La seule comparaison de prix doit se faire avec un système permettant le même armement, comme l'accouplement par entretoises droites avec jambes transversales, tel qu'il a été essayé entre Saint-Germain et la Palisse. La croix de Saint-André est plus légère et, par suite, moins coûteuse et en même temps plus solide, tant dans le sens du renversement de l'appui que dans le sens transversal.

NOTE

SUR LA TENSION ET L'ARRÊTAGE DES FILS,

par M. BARBARAT, inspecteur-ingénieur.

La meilleure tension à adopter pour les fils de bronze n'est pas encore bien fixée.

Tandis que certains auteurs indiquent des tensions très énergiques allant jusqu'au quart et au tiers de la charge de rupture à la température ordinaire, l'Administration a prescrit des tensions très faibles (le huitième de la charge de rupture). En même temps, le fil est arrêté à tous les appuis. Il en est résulté des mélanges nombreux sur la ligne d'Orléans à la Palisse, que j'ai construite suivant ces prescriptions, et j'attribue ces mélanges aux deux causes principales suivantes : arrêtage à tous les poteaux, tension insuffisante des fils.

Le fil étant arrêté à tous les poteaux, le moindre changement dans la position des supports fera varier la longueur de la portée sans changer la longueur du fil, puisqu'il ne peut pas glisser.

Or une variation de o m. o1 dans la portée, sans changement de la longueur du fil, correspond à une variation de o m. 1o dans la flèche avec la portée de 8o mètres et la flèche de 1 m. 5o[1].

---

[1] On a :

$$l = a + \frac{8f^2}{3a},$$

c'est-à-dire, dans le cas particulier :

$$l = 8o + \frac{8 \times 1{,}5^2}{3 \times 8o} = 8o^m + 0{,}075.$$

On déduit

$$f = \sqrt{\frac{3a\,(l-a)}{8}};$$

soit δa la diminution de la portée ; on aura :

$$f_1 = \sqrt{\frac{3\,(a-\delta a)\,(l-a+\delta a)}{8}}.$$

Les effets sur la flèche sont donc considérables pour de faibles déplacements des isolateurs.

Ces déplacements sont produits, soit par la torsion des poteaux, soit par leur inclinaison par suite de tassement du terrain.

Il est facile de calculer qu'une torsion ou une inclinaison de quelques degrés suffiront à produire des déplacements d'isolateurs de plusieurs centimètres, et que les fils seront complètement déréglés.

La torsion des poteaux est un fait bien connu et très accusé sur ceux qui ont leurs fibres en hélice, ce qui se voit par la direction des fentes.

La rotation est de $\dfrac{\pi D}{360}$ par degré, soit, pour $D = 0^m18$, 0^m0016 environ par degré, ou 0^m01 pour 6 degrés environ.

L'effet produit sur le réglage des fils est surtout très marqué lorsqu'on passe d'une courbe à une ligne droite en raison du changement d'armement. Dans la courbe, les isolateurs sont du même côté avec l'armement actuel; dans la ligne droite, ils sont alternés. Si l'on admet les mêmes effets de torsion sur deux poteaux consécutifs ainsi armés, on voit que le premier et le troisième fil, par exemple, resteront parallèles, car, leur armement étant le même, la torsion des poteaux déplacera les isolateurs d'une quantité égale dans le même sens, mais le deuxième fil sera tendu ou détendu, car, les isolateurs étant placés d'une manière différente sur les deux poteaux, la torsion les rapprochera ou les éloignera. Pour chaque centimètre de déplacement de chacun des isolateurs, la portée variera de 0 m. 02 et la flèche de 0 m. 20; les fils seront donc entièrement déréglés.

Il résulte donc de là que, toutes choses égales d'ailleurs, le réglage se maintiendrait bien mieux si tous les poteaux étaient armés de la même manière. C'est une raison de plus d'adopter l'armement invariable.

L'effet produit par le déplacement des isolateurs ne se produirait pas si les fils n'étaient pas arrêtés à tous les poteaux et pouvaient glisser librement sur les supports.

En négligeant les termes du second ordre et posant $l - a = \lambda$

$$f_1 - f = \sqrt{\frac{3a}{8}\left(\lambda + \delta a\right)} - \sqrt{\frac{3a}{8}\,\lambda},$$

$$f_1 - f = \sqrt{\frac{3a}{8}}\left[\left(\sqrt{\lambda + \delta a}\right) - \sqrt{\lambda}\right].$$

Dans le cas particulier choisi :

$$f_1 - f = \sqrt{30}\left(\sqrt{0,085} - \sqrt{0,075}\right) =$$

$$f_1 - f = 5,47\,(0,292 - 0,274) = 0^m099 \text{ ou environ } 0^m10.$$

La plupart des lignes en fer ne sont pas arrêtées à tous les appuis et leur réglage se maintient bien, mais on peut objecter qu'il y a quelques lignes en fer arrêtées partout et que leur réglage paraît rester très bon.

Je n'ai pas eu l'occasion de faire de comparaison, mais on peut expliquer le maintien du réglage par la forte traction qu'exercent les fils de fer comparativement aux fils de bronze de faible diamètre.

Il paraît naturel d'admettre que, si la traction du fil est huit fois plus forte (cas d'un fil de o m. oo5 et d'un fil de bronze de o m. oo2), l'isolateur aura d'abord beaucoup plus de difficulté à se déplacer, et, de plus, la ligature d'arrêt s'allongera, tournera autour du collet de l'isolateur ou glissera sur le fil bien plus facilement.

Un glissement longitudinal de o m. o1 ou o m. o2 suffisant pour maintenir le réglage correct, pourra se produire dans le cas du fil de o m. oo5, tandis qu'il n'aura pas lieu pour le fil de o m. oo2.

Avec un fil de bronze de gros diamètre, le réglage devrait se maintenir aussi bien que sur les lignes en fer placées dans les mêmes conditions.

La facilité avec laquelle le fil peut glisser est d'ailleurs variable, suivant la manière dont il est arrêté; il en résulte que, toutes choses égales d'ailleurs, la ligne se déréglera d'autant plus facilement que l'arrêtage sera mieux fait.

On peut faire valoir, en faveur de l'arrêtage à tous les poteaux, que le le fil, n'étant pas soumis à des frottements contre l'isolateur, s'usera moins vite; mais les tensions, assez fortes produites quand l'isolateur se déplace, tendent à faire pénétrer la ligature. Pour éviter l'usure par frottement, il suffit de faire une fourrure au moyen de fil de o m. oo1 au point où le fil appuie sur l'isolateur. Il faut surtout que l'isolateur soit parfaitement verni au point de contact, sinon la porcelaine produit l'effet d'une lime fine.

La tension insuffisante des fils est aussi une cause importante des mélanges qui se produisent sur les lignes de bronze. L'effet du vent est plus grand comparativement sur les lignes en fil de faible diamètre que sur les lignes en gros fil. En effet, la surface offerte est proportionnelle au diamètre et la résistance (poids et tension) est proportionnelle au carré de ce même diamètre.

Si, de plus, les fils de bronze sont moins tendus que les fils de fer (comme on le voit par les flèches), on se rendra facilement compte que le vent aura bien plus d'effet sur les lignes de bronze que sur les lignes en fer. Il faudrait, au contraire, pour résister au vent dans les mêmes conditions, que les petits fils fussent plus tendus proportionnellement que les gros, c'est-à-dire avec des flèches plus faibles. On objectera qu'en tendant plus fortement, on augmente les chances de rupture, mais la pratique prouve que les mélanges sont actuellement beaucoup plus nombreux que les ruptures proprement dites.

Les nombres des mélanges et des ruptures varient vraisemblablement en sens inverse l'un de l'autre; on doit donc prendre les mesures nécessaire pour amener l'égalité entre ces deux genres de mélange, car le nombre total sera alors minimum.

D'après une étude sur les tensions des divers fils, je crois que l'on peut tendre les fils de bronze comme les fils de fer au cinquième de la charge de rupture ou au poids kilométrique à +10 degrés.

En outre, j'estime qu'on doit arrêter le fil tous les 500 mètres seulement, ainsi qu'aux points d'angle, passages à niveau, etc.

Sur les autres poteaux, il sera retenu au moyen d'un collier en fil de 0 m. 002 permettant le glissement longitudinal. Le fil sera protégé au moyen d'une ligature de 0 m. 012 environ en fil de 0 m. 001.

En résumé, on pourrait adopter, pour les lignes de fer et de bronze, le même système de construction :

1° Armement invariable en courbe et en ligne droite, ce qui évite tout remaniement et maintient le réglage;

2° Tension suffisante des fils sans danger de rupture, qu'on peut fixer au cinquième de la charge de rupture à +10 degrés;

3° Arrêtage des fils par sections de 500 mètres, et non à tous les appuis, afin de permettre un léger mouvement des appuis sans dérégler la ligne.

NOTE

SUR LES TENSIONS À ADOPTER POUR LES DIVERS FILS TÉLÉGRAPHIQUES
OU TÉLÉPHONIQUES,

par M. Barbarat, inspecteur-ingénieur.

———

Pour étudier quelles sont les tensions à adopter pour les fils télégraphiques ou téléphoniques à diverses températures, il est nécessaire de se rendre compte des variations qui se produiront dans le coefficient de sécurité, c'est-à dire la fraction de la charge de rupture à laquelle on fait travailler le fil.

Un moyen simple, c'est d'avoir recours à des courbes calculées d'avance.

Voici comment ont été construites celles qui figurent sur les planches ci-jointes :

Dans les *Annales télégraphiques* de mai-juin 1887, j'ai montré qu'on avait la relation suivante en négligeant les quantités du second ordre :

$$\theta = \frac{a^2\, d^2}{24\alpha_1 q^2}\left(K^2 - K^2_{\circ}\right) + \frac{e_1 q}{\alpha_1}\left(\frac{1}{K_0} - \frac{1}{K}\right).$$

Dans laquelle :

e_1 est le coefficient d'allongement par mètre linéaire pour un accroissement de tension de 1 kilogramme par millimètre carré multiplié par 10^6;

α_1, le coefficient de dilatation linéaire multiplié par 10^6;

d, la densité;

q, la charge de rupture par millimètre carré;

a, la portée;

$\dfrac{1}{K_0}$, le coefficient de sécurité choisi pour l'origine des températures;

$\dfrac{1}{K}$, le coefficient de sécurité auquel travaille le fil;

θ, la température comptée à partir du moment où le coefficient de sécurité était $\dfrac{1}{K_0}$.

Cette formule donne des résultats rapides et exacts.

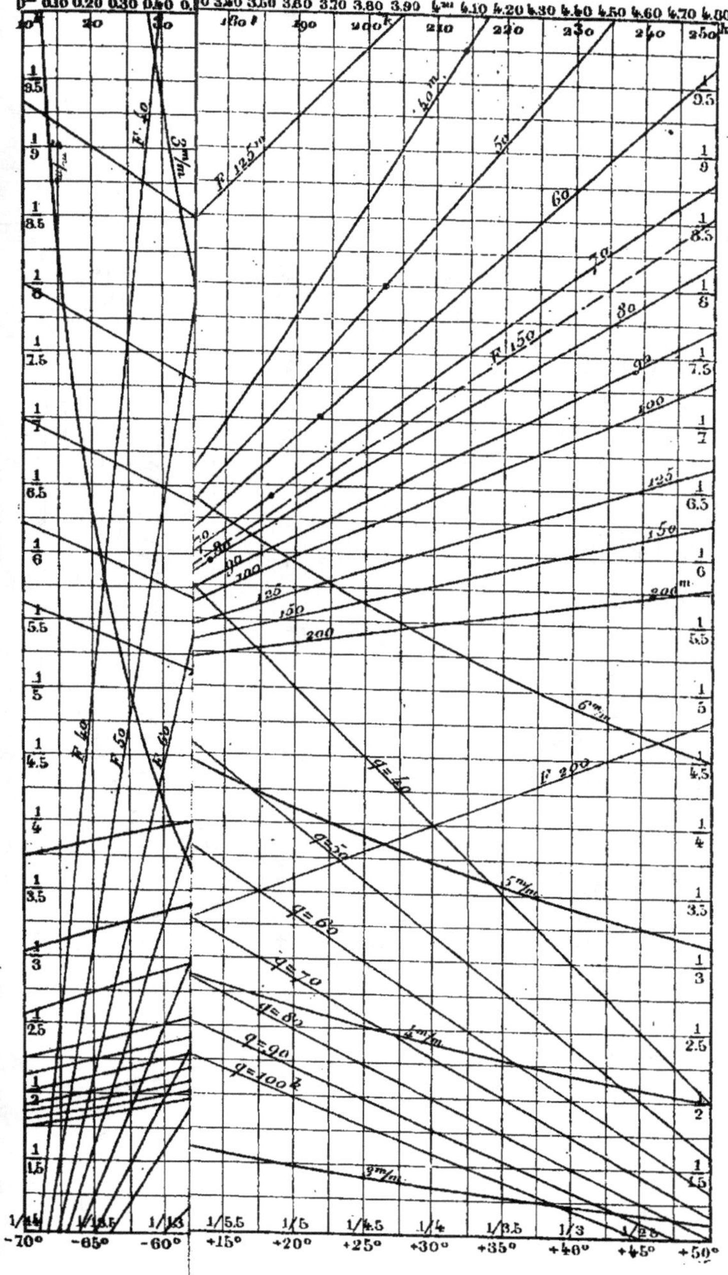
α = 12.35 × 10-6
ε = 54 × 10-6
0m 0.10 0.20 0.30 0.40 0.50 3.40 3.50 3.60 3.70 3.80 3.90 4m 4.10 4.20 4.30 4.40 4.50 4.60 4.70 4.80
10 20 30 180 190 200 210 220 230 240 250
F. 40
3m
F. 125m
40m
50
60
70
80
F. 150
90
100
125
150
200m
F. 40
F. 50
F. 60
200
150
125
100
90
80
70
6cm
F. 200
q=40
q=50
5m/m
q=60
q=70
q=80
4m/m
q=90
q=100
3m/m
1/3.5 1/9.5
1/9   1/9
1/8.5 1/8.5
1/8   1/8
1/7.5 1/7.5
1/7   1/7
1/6.5 1/6.5
1/6   1/6
1/5.5 1/5.5
1/5   1/5
1/4.5 1/4.5
1/4   1/4
1/3.5 1/3.5
1/3   1/3
1/2.5 1/2.5
1/2   1/2
1/1.5 1/1.5
1/14 1/6.5 1/13 1/5.5 1/5 1/4.5 1/4 1/3.5 1/3 1/2.5
-70° -65° -60° +15° +20° +25° +30° +35° +40° +45° +50°

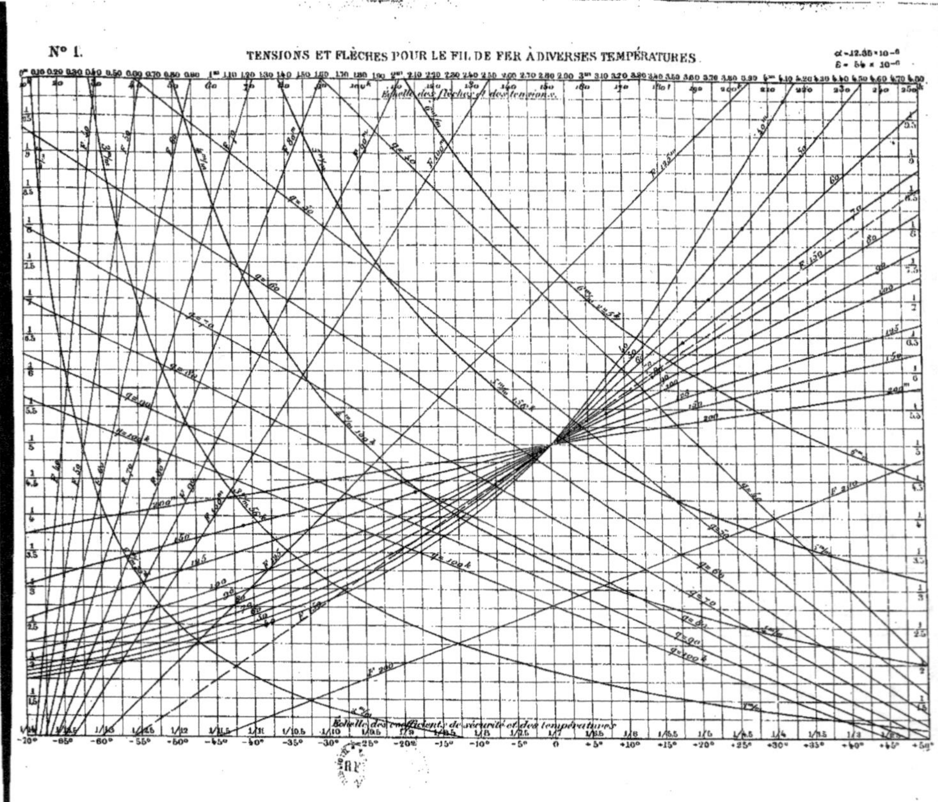
TENSIONS ET FLÈCHES POUR LE FIL DE FER À DIVERSES TEMPÉRATURES.
Échelle des flèches et des tensions.
Échelle des coefficients de sécurité et des températures.

TENSIONS ET FLÈCHES POUR LE FIL DE BRONZE TÉLÉGRAPHIQUE À DIVERSES TEMPÉRATURES.

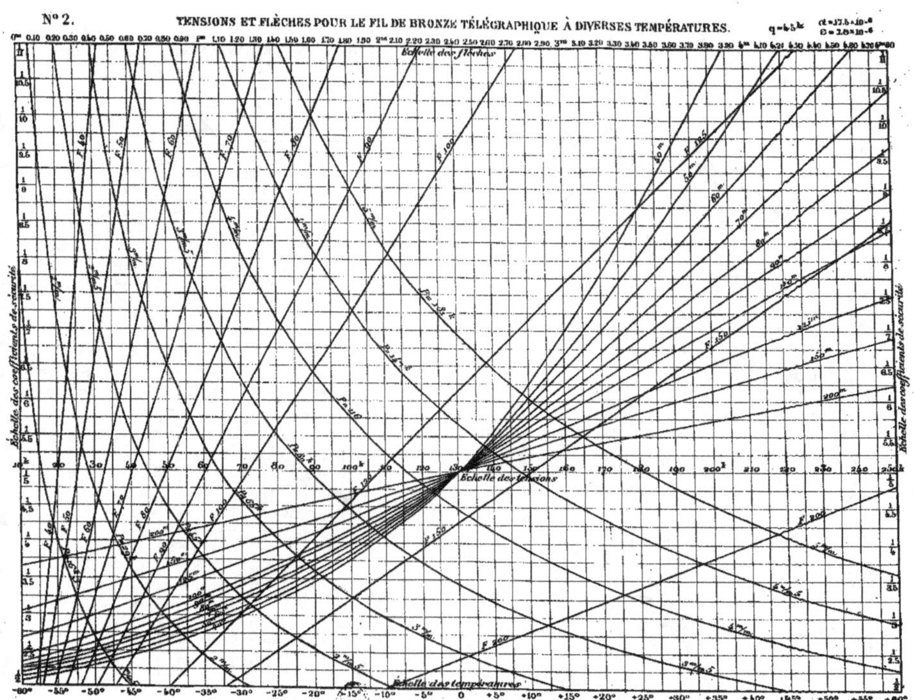

TENSIONS ET FLÈCHES POUR LE FIL D'ACIER À DIVERSES TEMPÉRATURES.

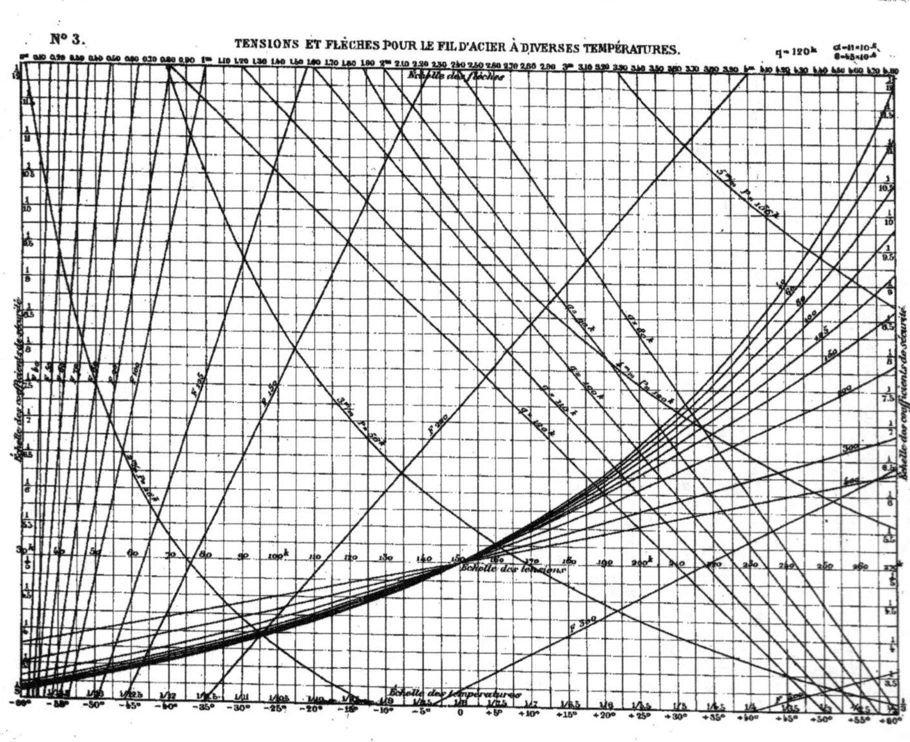

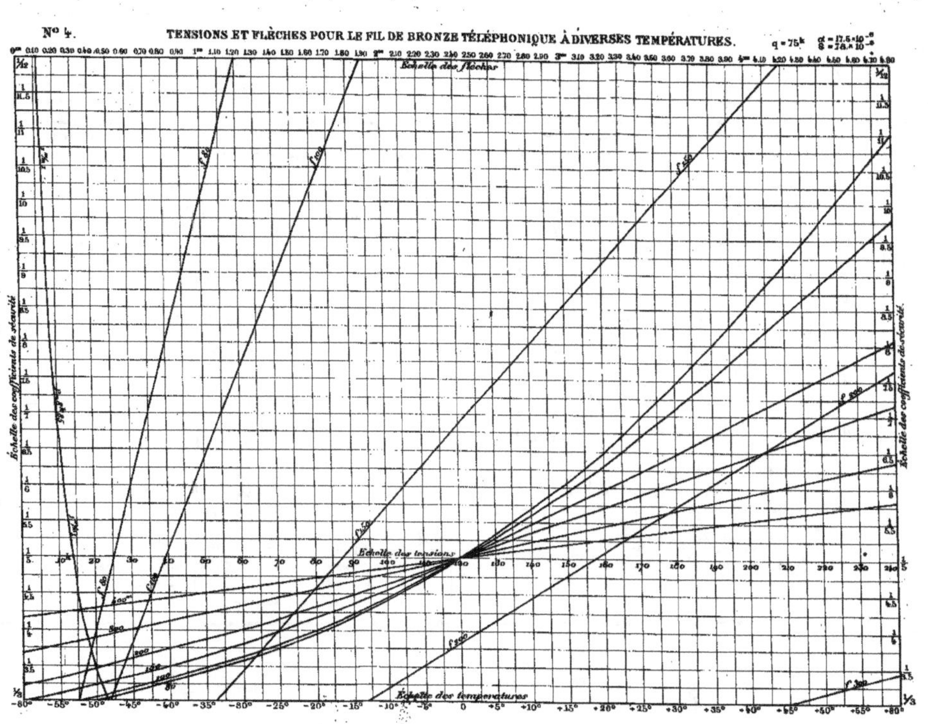
TENSIONS ET FLÈCHES POUR LE FIL DE BRONZE TÉLÉPHONIQUE À DIVERSES TEMPÉRATURES.
Échelle des flèches
Échelle des tensions
Échelle des températures
Échelle des coefficients de sécurité
Échelle des coefficients de sécurité

TABLE DES TENSIONS

POUR

LE FIL DE FER.

Coefficient de dilatation linéaire..... $a = 0,00001235$
Coefficient d'allongement......... $e = 0,0000054$

N° 1.

{ Charge de rupture : 40 kilogr. par millimètre carré environ, ou cinq fois le poids kilométrique. }

Les températures sont relatives.

TEMPÉRATURES CORRESPONDANT AUX PORTÉES (en degrés)

Coefficient de sécurité	40m	50m	60m	70m	80m	90m	100m	120m	150m	200m
$\frac{2}{3}$	−85,7	−88,5	−91,9	−95,8	−100,5	−105,8				
$\frac{1}{2}$	−56,5	−59,1	−62,2	−65,9	−70,2	−75,0	−80,4	−96,5		
$\frac{2}{5}$	−38,6	−42,9	−43,8	−47,0	−50,5	−55,2	−60,0	−74,0	−91,8	
$\frac{1}{3}$	−26,7	−28,6	−31,0	−33,8	−37,0	−40,6	−44,8	−56,8	−71,7	−109,2
$\frac{2}{7}$	−17,8	−19,8	−21,3	−23,5	−26,1	−29,0	−30,3	−42,0	−54,0	−80,3
$\frac{1}{4}$	−10,7	−11,8	−13,1	−14,6	−15,5	−18,6	−20,9	−27,8	−36,5	−57,5
$\frac{2}{9}$	−5,0	−5,6	−6,3	−7,1	−8,1	−9,3	−10,4	−14,0	−18,4	−29,5
$\frac{1}{5}$	0	0	0	0	0	0	0	0	0	0
$\frac{2}{11}$	+4,2	+4,9	+5,7	+6,6	+7,7	+8,9	+10,2	+14,2	+19,1	+31,5
$\frac{1}{6}$	8,1	9,4	11,1	13,0	15,2	17,7	20,5	28,8	39,1	64,9
$\frac{2}{13}$	11,7	13,8	16,4	19,4	22,8	26,9	31,3	44,5	60,6	101,0
$\frac{1}{7}$	15,1	18,0	21,6	25,7	30,6	36,1	42,3	60,6	82,9	139,9
$\frac{2}{15}$	18,3	22,1	26,8	32,3	38,5	45,8	53,7	77,5	106,5	180,5
$\frac{1}{8}$	21,4	26,2	32,0	38,8	46,7	55,7	65,7	95,5	132,0	224,0
$\frac{2}{17}$	24,5	30,3	37,3	45,6	55,2	65,8	78,0	114,3	157,6	
$\frac{1}{9}$	27,5	34,4	42,7	52,4	63,5	76,4	90,9	133,4	185,4	
$\frac{2}{19}$	30,5	38,5	48,2	59,7	72,9	87,9	104,6	154,4		
$\frac{1}{10}$	33,5	42,5	53,8	66,8	82,3	99,3	118,5	175,3		
$\frac{2}{21}$	36,8	47,0	59,8	74,7	92,9	111,4	133,6			
$\frac{1}{11}$	39,8	51,3	65,7	82,6	101,9	123,6	148,6			
$\frac{2}{23}$	43,0	55,8	71,8	90,8	112,6	136,8				
$\frac{1}{12}$	46,1	60,4	78,2	99,1	123,4	150,4				

FLÈCHES POUR PORTÉES (en mètres)

Coefficient de sécurité	40m	50m	60m	70m	80m	90m	100m	125m	150m	200m
$\frac{2}{3}$	0,06	0,09	0,14	0,18	0,24	0,30	0,37	0,58	0,84	1,50
$\frac{1}{2}$	0,08	0,12	0,18	0,24	0,32	0,40	0,50	0,78	1,12	2,00
$\frac{2}{5}$	0,10	0,16	0,23	0,31	0,40	0,51	0,62	0,97	1,41	2,50
$\frac{1}{3}$	0,12	0,19	0,27	0,37	0,48	0,61	0,75	1,17	1,69	3,00
$\frac{2}{7}$	0,15	0,22	0,31	0,43	0,56	0,71	0,87	1,36	1,97	3,50
$\frac{1}{4}$	0,16	0,25	0,36	0,49	0,64	0,81	1,00	1,56	2,25	4,00
$\frac{2}{9}$	0,18	0,28	0,40	0,55	0,72	0,91	1,12	1,75	2,53	4,50
$\frac{1}{5}$	0,20	0,31	0,45	0,61	0,80	1,01	1,25	1,95	2,81	5,00
$\frac{2}{11}$	0,22	0,34	0,49	0,67	0,88	1,11	1,37	2,14	3,09	5,50
$\frac{1}{6}$	0,24	0,37	0,54	0,73	0,96	1,21	1,50	2,34	3,37	6,00
$\frac{2}{13}$	0,26	0,41	0,58	0,80	1,04	1,32	1,62	2,53	3,66	6,50
$\frac{1}{7}$	0,28	0,44	0,63	0,86	1,12	1,42	1,75	2,73	3,94	7,00
$\frac{2}{15}$	0,30	0,47	0,67	0,92	1,20	1,52	1,87	2,92	4,22	7,50
$\frac{1}{8}$	0,32	0,50	0,72	0,98	1,28	1,62	2,00	3,12	4,50	8,00
$\frac{2}{17}$	0,34	0,53	0,75	1,04	1,36	1,72	2,12	3,31	4,78	8,50
$\frac{1}{9}$	0,36	0,56	0,81	1,12	1,44	1,82	2,25	3,51	5,06	9,00
$\frac{2}{19}$	0,38	0,59	0,85	1,16	1,52	1,92	2,37	3,70	5,34	9,50
$\frac{1}{10}$	0,40	0,62	0,90	1,22	1,60	2,02	2,50	3,90	5,62	10,00
$\frac{2}{21}$	0,42	0,66	0,94	1,29	1,68	2,13	2,62	4,10	5,91	10,50
$\frac{1}{11}$	0,44	0,69	0,99	1,35	1,75	2,23	2,75	4,29	6,19	11,00
$\frac{2}{23}$	0,46	0,72	1,03	1,41	1,84	2,33	2,87	4,49	6,47	11,50
$\frac{1}{12}$	0,48	0,75	1,08	1,47	1,92	2,43	3,00	4,69	6,75	12,00

TENSIONS POUR LES FILS (en kilogrammes)

Coefficient de sécurité	2mm	3mm	4mm	5mm	6mm
(charge de rupture, k)	125,0	280,0	500,0	780,0	1.125,0
$\frac{2}{3}$	83,1	186,5	333,5	520,0	750,0
$\frac{1}{2}$	62,5	140,0	250,0	390,0	562,5
$\frac{2}{5}$	50,0	112,0	200,0	319,0	450,0
$\frac{1}{3}$	41,6	93,5	166,5	260,0	375,0
$\frac{2}{7}$	35,7	80,0	143,0	223,0	321,0
$\frac{1}{4}$	31,2	70,0	125,0	195,0	281,2
$\frac{2}{9}$	27,7	62,3	111,0	173,0	250,0
$\frac{1}{5}$	25,0	56,0	100,0	156,0	225,0
$\frac{2}{11}$	22,7	51,0	91,0	141,5	205,0
$\frac{1}{6}$	20,9	46,7	83,5	130,0	187,5
$\frac{2}{13}$	19,2	43,2	77,0	120,0	172,5
$\frac{1}{7}$	17,9	40,0	71,5	111,5	160,2
$\frac{2}{15}$	16,5	37,3	66,5	104,0	150,0
$\frac{1}{8}$	15,6	35,0	62,5	97,5	140,0
$\frac{2}{17}$	14,7	33,0	59,0	92,0	132,0
$\frac{1}{9}$	14,0	31,0	56,0	87,0	125,0
$\frac{2}{19}$	13,1	29,5	52,5	82,0	118,0
$\frac{1}{10}$	12,5	28,0	50,0	78,0	112,5
$\frac{2}{21}$	11,9	26,6	47,5	74,5	107,0
$\frac{1}{11}$	11,3	25,5	45,5	71,0	102,5
$\frac{2}{23}$	10,9	24,3	43,5	67,9	98,0
$\frac{1}{12}$	10,4	23,3	41,6	65,0	94,0

Conférence technique.

Coefficient de dilatation linéaire ...... $a = 0,0000175$
Coefficient d'allongement .... $e = 0,000078$

N° 2.

TABLE DES TENSIONS
POUR
LE FIL DE BRONZE TÉLÉGRAPHIQUE.

{ Charge de rupture : 45 kilogr. par millimètre carré environ ou cinq fois le poids kilométrique.

TEMPÉRATURES CORRESPONDANT AUX PORTÉES de

COEFFICIENT de sécurité	40ᵐ	50ᵐ	60ᵐ	70ᵐ	80ᵐ	90ᵐ	100ᵐ	120ᵐ	150ᵐ	200ᵐ
1/1										
1/1,5										
1/2	−64,2	−66,0	−68,1	−70,8	−73,7	−77,2	−80,9	−91,2	−106,0	−160,9
1/2,5	43,5	45,1	47,0	49,3	52,0	55,1	58,4	68,3	86,8	110,1
1/3	29,4	30,8	32,5	34,4	36,7	39,3	42,2	50,7	64,3	87,8
1/3,5	19,4	20,6	21,9	23,5	25,3	27,4	29,6	35,4	46,8	66,0
1/4	11,5	12,2	13,2	14,3	15,6	17,0	18,6	23,4	29,4	44,3
1/4,5	5,2	5,6	6,1	6,7	7,4	8,2	9,0	11,6	14,6	22,7
1/5	0	0	0	0	0	0	0	0	0	0
1/5,5	+4,5	+4,9	+5,5	+6,1	+6,9	+7,7	+8,7	+11,5	+14,9	+23,5
1/6	8,4	9,3	10,5	11,6	13,6	15,2	17,2	23,0	30,3	48,5
1/6,5	11,9	13,6	15,2	17,3	19,8	22,5	25,7	34,9	46,3	74,8
1/7	16,2	17,3	19,8	22,7	26,2	30,1	34,4	47,2	63,1	102,8
1/7,5	18,8	21,0	24,3	28,2	32,6	37,6	43,3	59,6	80,6	132,6
1/8	21,1	24,5	28,5	33,3	38,9	45,5	54,2	78,1	98,7	163,2
1/8,5	26,0	28,0	32,9	38,8	45,4	53,1	61,7	86,8	117,8	176,8
1/9	26,6	31,6	37,2	44,1	52,2	61,2	71,3	101,2	138,1	230,1
1/9,5	29,2	34,9	41,6	49,7	59,0	69,6	81,3	116,3		
1/10	31,7	38,1	45,9	55,0	65,9	78,0	91,5	131,8		
1/10,5	34,3	41,5	50,5	60,9	73,0	87,0	101,3			
1/11	36,8	44,9	54,9	66,8	80,6	96,0	113,2			
1/11,5	39,3	48,5	59,4	73,0	88,2					
1/12	41,3	52,0	64,1	79,0	96,2					

FLÈCHES POUR PORTÉES de (m)

COEFFICIENT de sécurité	40ᵐ	50ᵐ	60ᵐ	70ᵐ	80ᵐ	90ᵐ	100ᵐ	120ᵐ	150ᵐ	200ᵐ
1/1										
1/1,5	0,06	0,09	0,14	0,18	0,24	0,30	0,37	0,58	0,84	1,50
1/2	0,08	0,12	0,18	0,24	0,32	0,40	0,50	0,78	1,12	2,00
1/2,5	0,10	0,15	0,23	0,31	0,40	0,51	0,62	0,97	1,41	2,50
1/3	0,12	0,19	0,27	0,37	0,48	0,61	0,75	1,17	1,69	3,00
1/3,5	0,14	0,22	0,31	0,43	0,56	0,71	0,87	1,36	1,97	3,50
1/4	0,16	0,25	0,36	0,49	0,64	0,81	1,00	1,56	2,25	4,00
1/4,5	0,18	0,28	0,40	0,55	0,72	0,91	1,12	1,75	2,52	4,50
1/5	0,20	0,31	0,45	0,61	0,80	1,01	1,25	1,95	2,81	5,00
1/5,5	0,22	0,36	0,49	0,67	0,88	1,11	1,37	2,14	3,09	5,50
1/6	0,24	0,37	0,54	0,73	0,96	1,21	1,50	2,34	3,37	6,00
1/6,5	0,25	0,41	0,58	0,80	1,04	1,32	1,62	2,53	3,66	6,50
1/7	0,28	0,44	0,63	0,86	1,12	1,42	1,75	2,73	3,94	7,00
1/7,5	0,30	0,47	0,67	0,92	1,20	1,52	1,87	2,92	4,22	7,50
1/8	0,32	0,50	0,72	0,98	1,28	1,62	2,00	3,12	4,50	8,00
1/8,5	0,34	0,53	0,76	1,06	1,36	1,72	2,12	3,31	4,78	8,50
1/9	0,36	0,56	0,81	1,10	1,44	1,82	2,25	3,51	5,06	9,00
1/9,5	0,38	0,59	0,85	1,16	1,52	1,92	2,37	3,70	5,34	9,50
1/10	0,40	0,62	0,90	1,22	1,60	2,02	2,50	3,90	5,50	10,00
1/10,5	0,42	0,66	0,94	1,29	1,68	2,13	2,62	4,10	5,91	10,50
1/11	0,44	0,69	0,99	1,35	1,76	2,23	2,75	4,29	6,19	11,00
1/11,5	0,46	0,72	1,03	1,42	1,84	2,33	2,87	4,49	6,47	11,50
1/12	0,48	0,75	1,06	1,47	1,92	2,42	3,00	4,59	6,75	12,00

TENSIONS POUR LES FILS de (k)

COEFFICIENT de sécurité	1ᵐᵐ,5	2ᵐᵐ	2ᵐᵐ,5	3ᵐᵐ	3ᵐᵐ,5	4ᵐᵐ	4ᵐᵐ,5	5ᵐᵐ
1/1	81,5	145,0	225,0	326,0	445,0	580,0	735,0	905
1/1,5	54,2	95,5	150,0	217,0	296,0	387,0	490,0	601
1/2	40,7	72,5	113,0	162,0	222,0	290,0	367,0	454
1/2,5	32,5	58,0	90,0	130,0	178,0	232,0	294,0	362
1/3	27,2	48,2	75,0	108,0	148,0	193,0	245,0	302
1/3,5	23,3	41,4	64,2	92,9	127,0	166,0	210,0	256
1/4	20,2	36,2	56,2	81,0	111,0	145,0	184,0	226
1/4,5	18,1	32,2	50,0	72,0	98,7	129,0	163,0	201
1/5	16,3	29,0	45,0	65,0	89,0	116,0	147,0	181
1/5,5	14,8	26,3	41,0	59,0	81,0	105,0	134,0	165
1/6	13,6	24,2	37,5	54,0	74,0	96,5	122,5	151
1/6,5	12,5	22,2	34,6	50,0	68,5	89,2	113,0	139
1/7	11,5	20,6	32,2	46,5	63,5	83,0	105,0	129
1/7,5	10,9	19,3	30,0	43,2	59,2	77,2	98,0	121
1/8	10,2	18,1	28,2	40,5	55,7	72,0	92,0	113
1/8,5	9,6	17,0	26,5	38,2	52,2	68,2	86,5	106
1/9	9,0	16,1	25,0	36,0	49,5	64,5	81,5	100
1/9,5	8,6	15,3	23,7	34,2	46,9	61,0	77,2	95
1/10	8,1	14,3	22,5	32,5	44,5	58,0	73,5	90
1/10,5	7,7	13,8	21,5	31,0	42,5	55,2	70,0	86
1/11	7,4	13,2	20,5	29,5	40,5	52,9	66,9	82
1/11,5	7,1	12,6	19,5	28,2	38,6	50,5	64,0	78
1/12	6,8	12,1	18,8	27,0	37,0	48,4	61,1	75

Conférence technique.

TABLE DES TENSIONS
POUR
LE FIL DE BRONZE TÉLÉGRAPHIQUE.

{ Charge de rupture : 45 kilogr. par millimètre carré environ
ou cinq fois le poids kilométrique. }

TEMPÉRATURES CORRESPONDANT AUX PORTÉES DE

COEFFICIENT de sécurité.	40m	50m	60m	70m	80m	90m	100m	125m	150m	200m
1/1	−22,5	−24,5	−27,6	−30,8	−34,6	−38,5	−43,5	−57,5	−75,3	−119,5
1/1,5	14,7	16,9	19,5	22,6	26,1	29,9	34,6	48,4	64,1	106,9
1/2	10,5	12,5	14,9	17,6	21,0	24,7	28,9	41,4	56,6	94,9
1/2,5	7,8	9,6	11,6	14,3	17,1	20,6	24,2	35,2	48,8	82,6
1/3	5,8	7,3	9,1	11,3	13,9	16,7	19,9	29,3	41,0	70,1
1/3,5	4,1	5,3	6,6	8,5	10,5	12,9	15,3	22,9	32,0	55,1
1/4	2,7	3,5	4,5	5,8	7,2	8,8	10,6	15,0	22,4	39,1
1/4,5	1,4	1,8	2,4	3,00	3,8	4,6	5,6	8,3	11,8	20,5
1/5	0	0	0	0	0	0	0	0	0	0
1/5,5	+0,9	+1,5	+2,4	+3,1	+3,9	+4,9	+5,9	+9,0	+12,7	+22,4
1/6	2,5	3,7	4,9	6,4	8,2	10,1	12,3	19,0	26,8	57,0
1/6,5	4,0	5,5	7,6	9,9	12,7	15,7	19,1	29,3	41,6	73,2
1/7	5,4	7,6	10,4	13,6	17,4	21,8	26,5	40,6	58,0	102,3
1/7,5	6,8	9,5	13,2	17,7	22,5	28,0	34,2	52,5	74,7	133,0
1/8	8,8	11,9	16,5	21,8	27,8	34,9	42,7	65,7	98,7	156,0
1/8,5	9,9	14,4	19,7	25,9	33,9	41,9	51,4	79,0	119,9	200,0
1/9	11,5	16,8	23,3	30,8	39,6	49,6	61,0	93,8	134,0	237,0
1/9,5	13,1	19,8	26,9	35,7	46,3	57,2	70,4	110,2	156,0	
1/10	14,9	22,0	30,7	40,8	52,3	66,2	81,2	125,3	179,0	
1/10,5	16,7	25,2	34,7	46,4	59,4	75,6	91,6	143,4	204,0	
1/11	18,6	27,7	38,7	51,7	66,8	84,0	105,5	159,5	228,0	
1/11,5	20,6	31,1	43,3	57,6	74,6	93,6	114,6	177,6		
1/12	22,7	34,6	47,7	63,7	82,7	103,7	127,7	198,7		

FLÈCHES POUR PORTÉES DE

COEFFICIENT de sécurité.	40m	50m	60m	70m	80m	90m	100m	125m	150m	200m
1/1										
1/1,5	0,06	0,09	0,11	0,18	0,24	0,30	0,37	0,58	0,84	1,50
1/2	0,08	0,12	0,18	0,24	0,32	0,40	0,50	0,78	1,12	2,00
1/2,5	0,10	0,16	0,23	0,31	0,40	0,51	0,62	0,97	1,41	2,50
1/3	0,12	0,19	0,27	0,37	0,48	0,61	0,75	1,17	1,69	3,00
1/3,5	0,14	0,22	0,31	0,43	0,56	0,71	0,87	1,36	1,97	3,50
1/4	0,16	0,25	0,36	0,49	0,64	0,81	1,00	1,56	2,25	4,00
1/4,5	0,18	0,28	0,40	0,55	0,72	0,91	1,12	1,75	2,53	4,50
1/5	0,20	0,31	0,45	0,61	0,80	1,01	1,25	1,95	2,81	5,00
1/5,5	0,22	0,34	0,49	0,67	0,88	1,11	1,37	2,14	3,09	5,50
1/6	0,24	0,37	0,54	0,73	0,96	1,21	1,50	2,34	3,37	6,00
1/6,5	0,25	0,41	0,58	0,80	1,04	1,32	1,62	2,53	3,66	6,50
1/7	0,28	0,44	0,63	0,86	1,12	1,42	1,75	2,73	3,94	7,00
1/7,5	0,30	0,47	0,67	0,92	1,20	1,52	1,87	2,92	4,22	7,50
1/8	0,32	0,50	0,72	0,98	1,28	1,62	2,00	3,12	4,50	8,00
1/8,5	0,34	0,53	0,76	1,04	1,36	1,72	2,12	3,31	4,78	8,50
1/9	0,36	0,56	0,81	1,10	1,44	1,82	2,25	3,51	5,06	9,00
1/9,5	0,38	0,59	0,85	1,16	1,52	1,92	2,37	3,70	5,34	9,50
1/10	0,40	0,62	0,90	1,22	1,60	2,02	2,50	3,90	5,62	10,00
1/10,5	0,42	0,66	0,94	1,29	1,68	2,13	2,62	4,10	5,91	10,50
1/11	0,44	0,69	0,99	1,35	1,76	2,23	2,75	4,29	6,19	11,00
1/11,5	0,46	0,72	1,03	1,41	1,84	2,33	2,87	4,49	6,47	11,50
1/12	0,48	0,75	1,08	1,47	1,92	2,43	3,00	4,69	6,75	12,00

TENSIONS POUR LES FILS DE

COEFFICIENT de sécurité.	1mm,5	2mm	2mm,5	3mm	3mm,5	4mm	4mm,5	5mm
1/1	81,5	165,0	225,0	315,0	445,0	580,0	735,0	905,0
1/1,5	54,2	96,5	150,0	217,0	296,0	387,0	490,0	601,0
1/2	40,7	72,5	113,0	162,0	222,0	290,0	367,0	454,0
1/2,5	32,5	58,0	90,0	130,0	178,0	232,0	294,0	362,0
1/3	27,2	48,2	75,0	108,0	148,0	193,0	245,0	302,0
1/3,5	23,3	41,4	64,2	92,9	127,0	166,0	210,0	258,0
1/4	20,0	36,2	56,2	81,0	111,0	145,0	184,0	226,0
1/4,5	18,1	32,2	50,0	72,0	98,7	129,0	163,0	201,0
1/5	16,3	29,0	45,0	65,0	89,0	116,0	147,0	181,0
1/5,5	14,8	26,3	41,0	59,0	81,0	105,0	134,0	165,0
1/6	13,6	24,2	37,5	54,0	74,0	96,5	122,5	151,0
1/6,5	12,5	22,2	34,6	50,0	68,5	89,2	113,0	139,0
1/7	11,6	20,6	32,2	46,5	63,5	83,0	105,0	129,0
1/7,5	10,9	19,3	30,0	43,2	59,2	77,2	98,0	121,0
1/8	10,2	18,1	28,2	40,5	55,7	72,2	92,0	113,0
1/8,5	9,6	17,0	26,5	38,2	52,2	68,2	86,5	106,5
1/9	9,0	16,2	25,0	36,0	49,5	64,5	81,5	100,5
1/9,5	8,6	15,3	23,7	34,2	46,9	61,0	77,2	95,5
1/10	8,1	14,5	22,5	32,5	44,5	58,0	73,5	90,5
1/10,5	7,7	13,8	21,5	31,0	42,5	55,2	70,0	86,0
1/11	7,4	13,2	20,5	29,5	40,5	52,9	65,8	82,0
1/11,5	7,1	12,6	19,5	28,2	38,6	50,5	64,0	78,5
1/12	6,8	12,1	18,8	27,0	37,0	48,4	61,2	75,0

Coefficient de dilatation linéaire....... a = 0,000011
Coefficient d'allongement........... e = 0,000045

N° 3.

Charge de rupture : 120 kilog. par millimètre carré environ
ou quinze fois le poids kilométrique.

TABLE DES TENSIONS
POUR
LE FIL D'ACIER.

TEMPÉRATURES CORRESPONDANT AUX PORTÉES DE

COEFFICIENT de sécurité	40m	50m	60m	70m	80m	90m	100m	125m	150m	200m	300m	400m
1/2	−147,5	−147,9	−148,3	−148,7	−149,2	−149,9	−150,5					
1/2,5	98,5	98,8	99,3	99,5	100,0	100,5	101,2	−102,9	−105,1	−110,6	−126,3	
1/3	65,4	65,7	66,0	66,3	66,7	67,2	67,7	69,2	71,1	75,8	89,2	−108,0
1/3,5	42,3	42,5	42,8	43,1	43,4	42,7	44,1	45,4	46,9	50,6	61,3	76,3
1/4	24,2	24,4	24,5	24,7	25,0	25,0	25,5	26,4	27,4	30,1	36,7	48,3
1/4,5	11,1	11,2	11,3	11,4	11,5	11,5	11,8	12,3	12,8	14,0	18,0	23,8
1/5	0	0	0	0	0	0	0	0	0	0	0	0
1/5,5	+9,1	+9,2	+9,3	+9,4	+9,6	+9,7	+9,9	+10,4	+11,0	+12,6	+17,1	+23,6
1/6	16,6	16,8	17,0	17,2	17,5	17,8	18,2	19,2	20,5	23,7	32,9	45,9
1/6,5	23,0	23,3	23,6	24,0	24,5	25,0	25,5	27,2	29,1	36,0	48,7	69,0
1/7	28,7	29,1	29,5	30,1	30,7	31,3	32,1	34,4	37,2	44,2	66,3	92,2
1/7,5	33,5	34,0	34,6	35,3	36,2	36,9	28,0	40,9	44,5	53,7	79,7	116,7
1/8	37,9	38,5	39,2	40,1	41,2	42,2	43,5	47,2	51,7	63,0	95,9	141,9
1/8,5	41,7	42,4	43,3	44,3	45,5	46,9	48,4	52,9	58,4	72,4	112,4	
1/9	45,1	45,9	47,0	48,2	49,6	51,3	53,0	−58,3	64,7	81,2	128,2	
1/9,5	48,2	49,2	50,4	51,9	53,5	55,4	57,5	63,7	71,0	90,5	145,5	
1/10	51,1	52,2	53,6	55,3	57,2	59,3	61,7	68,8	77,4	99,5	162,5	
1/11	56,3	57,7	59,5	61,1	64,2	65,7	69,8	78,9	89,9	118,1		
1/12	60,6	62,6	64,6	67,2	70,2	73,6	77,4	88,6	104,4	137,4		
1/13	64,3	65,5	69,2	72,3	76,0	80,1	84,7	98,2	114,9			
1/14	67,8	70,4	73,5	77,3	81,3	86,4	91,9	108,2	128,0			
1/15	70,9	73,9	77,6	81,9	87,0	92,7	99,2	118,3	161,4			
1/16	73,8	77,3	81,5	86,6	92,4	99,0	105,4					
1/17	76,5	80,5	85,3	92,1	97,8	105,2	113,7					
1/18	79,0	83,6	89,2	95,6	103,2	111,8	122,3					
1/19	81,4	86,5	92,7	100,0	108,5	118,0	128,8					
1/20	83,7	89,4	96,3	104,4	114,1	124,7	136,7					

FLÈCHES POUR PORTÉES DE

COEFFICIENT de sécurité	40m	50m	65m	70m	80m	90m	100m	125m	150m	200m	250m	400m
1/2	0,097	0,04	0,05	0,08	0,105	0,135	0,167	0,260	0,375	0,67	1,50	2,67
1/2,5	0,023	0,05	0,075	0,10	0,13	0,17	0,21	0,315	0,47	0,83	1,87	3,33
1/3	0,04	0,06	0,09	0,12	0,16	0,20	0,25	0,39	0,55	1,00	2,23	4,00
1/3,5	0,047	0,07	0,105	0,14	0,185	0,235	0,29	0,455	0,65	1,16	2,62	4,67
1/4	0,053	0,08	0,12	0,16	0,21	0,27	0,33	0,52	0,75	1,33	3,00	5,33
1/4,5	0,05	0,09	0,135	0,18	0,24	0,30	0,375	0,585	0,84	1,50	3,37	6,00
1/5	0,087	0,10	0,15	0,20	0,285	0,335	0,42	0,65	0,94	1,66	3,75	6,67
1/5,5	0,073	0,11	0,165	0,225	0,29	0,37	0,46	0,715	1,03	1,83	4,12	7,33
1/6	0,08	0,125	0,18	0,245	0,32	0,40	0,50	0,78	1,13	2,00	4,50	8,00
1/6,5	0,087	0,135	0,195	0,265	0,345	0,435	0,54	0,845	1,22	2,16	4,87	8,67
1/7	0,093	0,145	0,21	0,285	0,37	0,47	0,58	0,91	1,32	2,33	5,25	9,33
1/7,5	0,10	0,155	0,225	0,305	0,40	0,50	0,625	0,975	1,41	2,50	5,62	10,00
1/8	0,107	0,165	0,24	0,325	0,425	0,535	0,67	1,04	1,50	2,66	6,00	10,67
1/8,5	0,113	0,175	0,255	0,345	0,45	0,57	0,71	1,105	1,59	2,83	6,37	11,33
1/9	0,12	0,185	0,27	0,365	0,48	0,60	0,75	1,17	1,69	3,00	6,75	12,00
1/9,5	0,127	0,195	0,285	0,385	0,505	0,635	0,79	1,235	1,78	3,16	7,12	12,67
1/10	0,133	0,21	0,30	0,41	0,53	0,67	0,83	1,30	1,88	3,33	7,50	13,33
1/11	0,147	0,23	0,33	0,45	0,585	0,74	0,91	1,43	2,06	3,66	8,25	14,67
1/12	0,15	0,25	0,36	0,49	0,64	0,81	1,00	1,56	2,25	4,00	9,00	16,00
1/13	0,173	0,27	0,39	0,53	0,69	0,88	1,08	1,69	2,44	4,33	9,75	17,83
1/14	0,187	0,29	0,42	0,57	0,75	0,945	1,16	1,82	2,63	4,66	10,50	18,67
1/15	0,20	0,31	0,45	0,61	0,80	1,01	1,25	1,95	2,82	5,00	11,25	20,00
1/16	0,213	0,33	0,48	0,65	0,85	1,08	1,33	2,08	3,01	5,33	12,00	21,33
1/17	0,227	0,35	0,51	0,69	0,90	1,15	1,41	2,21	3,20	5,66	12,75	22,67
1/18	0,24	0,37	0,54	0,73	0,96	1,22	1,50	2,34	3,39	6,00	13,50	24,00
1/19	0,253	0,39	0,57	0,77	1,01	1,285	1,58	2,47	3,58	6,33	14,25	25,33
1/20	0,257	0,415	0,60	0,82	1,06	1,35	1,66	2,60	3,77	6,66	15,00	26,67

TENSIONS POUR LES FILS DE

COEFFICIENT de sécurité	2mm	3mm	4mm	5mm
1/2	187,5	420,0	750	1.170
1/2,5	150,0	336,0	600	936
1/3	124,8	280,5	500	780
1/3,5	107,2	240,0	429	669
1/4	93,7	210,0	375	585
1/4,5	83,2	187,0	333	519
1/5	75,0	168,0	300	468
1/5,5	68,2	153,0	273	424
1/6	61,7	140,0	250	390
1/6,5	57,7	129,5	231	360
1/7	53,6	120,0	214	334
1/7,5	49,9	112,0	199	312
1/8	45,9	105,0	187	292
1/8,5	44,2	99,0	177	276
1/9	41,0	93,0	168	261
1/9,5	39,5	88,5	158	246
1/10	37,5	84,0	150	234
1/11	34,2	76,5	136	213
1/12	31,2	70,0	125	195
1/13	29,2	65,0	115	180
1/14	27,0	60,0	107	167
1/15	25,2	56,0	100	156
1/16	23,2	52,0	94	146
1/17	22,0	49,0	88	137
1/18	21,0	46,0	83	130
1/19	20,0	44,0	79	123
1/20	19,0	42,0	75	117

TABLE DES TENSIONS
POUR
LE FIL DE BRONZE TÉLÉPHONIQUE.

Coefficient de dilatation linéaire...... $a = 0,0020175$
Coefficient d'allongement............ $r = 0,000078$
N° 4.

Charge de rupture : 75 kilogr. par millimètre carré environ ou huit fois le poids kilométrique.

TEMPÉRATURES CORRESPONDANT AUX PORTÉES DE (°)

COEFFICIENT de sécurité	50m	70m	85m	90m	100m	125m	150m	200m	300m	400m
1/2			−108,0		−110,8		−120,6	−134,6	−165,5	−208,0
1/2,5			73,1		75,6		84,3	96,6	124,6	179,6
1/3			49,4		51,6		59,0	69,4	93,2	140,6
1/3,5			32,6		34,3		40,2	48,5	67,5	106,5
1/4			19,3		20,0		24,7	30,6	43,9	70,7
1/4,5			8,6		9,3		11,5	14,6	21,6	35,7
1/5			0		0		0	0	0	0
1/5,5			+7,4		+8,2		+10,6	+14,0	+21,8	+37,3
1/6			13,9		15,4		20,5	27,7	44,0	76,8
1/6,5			19,9		22,2		30,2	41,4	67,3	118,8
1/7			25,2		28,4		39,5	55,2	91,0	162,0
1/7,5			30,5		34,6		49,2	69,5	116,0	209,0
1/8			35,0		40,3		58,3	83,7	141,7	237,7
1/8,5			39,5		45,8		67,7	98,4	169,2	
1/9			43,9		51,4		77,4	113,8	197,5	
1/9,5			48,2		56,9		87,1	129,6		
1/10			52,2		62,3		97,1	145,8		
1/10,5			56,4		67,8		107,3	163,0		
1/11			60,4		73,1		117,8	180,5		
1/11,5			64,3		78,8		128,8			
1/12			68,5		84,5		140,0			

FLÈCHES POUR PORTÉES DE (m)

COEFFICIENT de sécurité	60m	70m	80m	90m	100m	122m	150m	200m	300m	400m
1/2			0,20		0,31		0,70	1,25	2,81	5,00
1/2,5			0,25		0,39		0,88	1,55	3,51	6,25
1/3			0,30		0,47		1,06	1,87	4,22	7,50
1/3,5			0,35		0,55		1,23	2,18	4,92	8,75
1/4			0,40		0,62		1,41	2,49	5,62	10,00
1/4,5			0,45		0,70		1,58	2,80	6,32	11,25
1/5			0,50		0,78		1,76	3,11	7,02	12,50
1/5,5			0,55		0,86		1,94	3,42	7,72	13,75
1/6			0,60		0,94		2,11	3,73	8,42	15,00
1/6,5			0,65		1,02		2,29	4,04	9,12	16,25
1/7			0,70		1,09		2,46	4,36	9,82	17,50
1/7,5			0,75		1,17		2,64	4,68	10,53	18,75
1/8			0,80		1,25		2,82	5,00	11,24	20,00
1/8,5			0,85		1,33		2,99	5,31	11,95	
1/9			0,90		1,41		3,17	5,62	12,66	
1/9,5			0,95		1,48		3,35	5,93		
1/10			1,00		1,56		3,52	6,24		
1/10,5			1,05		1,64		3,70	6,55		
1/11			1,10		1,72		3,88	6,86		
1/11,5			1,15		1,80		4,05			
1/12			1,20		1,88		4,23			

TENSIONS POUR LES FILS DE (k)

COEFFICIENT de sécurité	1mm	1mm,5
1/2	35,4	
1/2,5	28,2	
1/3	23,5	
1/3,5	20,2	
1/4	17,6	
1/4,5	15,7	
1/5	14,1	
1/5,5	12,8	
1/6	11,8	
1/6,5	10,8	
1/7	10,1	
1/7,5	9,4	
1/8	8,85	
1/8,5	8,3	
1/9	7,8	
1/9,5	7,4	
1/10	7,1	
1/10,5	6,7	
1/11	6,4	
1/11,5	6,2	
1/12	5,9	

Je l'ai comparée à une formule complète du troisième degré donnée dans un mémoire de M. Cloeren à la Société belge des électriciens, et j'ai trouvé les mêmes résultats.

Pour toutes les tables, j'ai adopté pour coefficient $\frac{1}{K_0}$ le chiffre $\frac{1}{5}$, c'est-à-dire que les températures sont comptées à partir du moment où le fil travaille au $\frac{1}{5}$ de la charge de rupture; mais on peut ajouter ou retrancher une même température. Les chiffres calculés ne sont pas absolus, mais seulement relatifs; c'est pour cela que l'on trouve des températures de 100 degrés et plus, qui sans cela n'auraient aucun sens.

Table I. Fer.

On a pris $\alpha_1 = 12,35$, $\varepsilon_1 = 54$, $d = 7,8$, $q = 5d = 39^k$. (La charge de rupture du fil de fer est de 38 à 40 kilogrammes. En prenant 39, ou 5 fois la densité, on voit que lorsque le fil travaille au $\frac{1}{5}$ de sa charge de rupture, sa tension est égale au poids kilométrique. (Ce poids est une quantité bien connue et facile à se rappeler.)

En faisant varier le coefficient K, on en déduit les diverses valeurs de θ pour chaque portée a.

Sur le graphique, on a pris les K pour ordonnées et les températures pour abscisses pour 10 portées différentes.

On voit immédiatement que plus la portée est faible, plus les variations de température influent sur la tension, ce qui est un fait expérimental bien connu.

Les courbes des températures $\theta = f(K)$ sont du troisième degré en K et présentent un point d'inflexion qu'on calcule en annulant $\frac{d^2K}{d\theta^2}$. Or :

$$\frac{d^2 K}{d\theta^2} = -\frac{\dfrac{d^2 f}{dK^2}}{\left(\dfrac{df}{dK}\right)^3}.$$

Il faut donc que $\frac{d^2 f}{dK^2} = 0$. Or

$$\frac{df}{dK} = \frac{2a^2 d^2}{24\alpha_1 q^2} K + \frac{\varepsilon_1 q}{\alpha_1}\frac{1}{K^2};$$

et, par suite,

$$\frac{d^2 f}{dK^2} = \frac{2a^2 d^2}{24\alpha_1 q^2} - \frac{2\varepsilon_1 q}{\alpha_1}\frac{1}{K^3} = 0;$$

d'où

$$K^3 = \frac{24\epsilon_1 q}{a^2} \left(\frac{q}{d}\right)^2.$$

Pour le fer,

$$K^3 = \frac{126 \times 10^4}{a^2}.$$

Pour la portée de 80 mètres, on a :

$$K^3 = 197;$$

d'où :

$$K = 5,82 \text{ environ.}$$

Connaissant le coefficient de sécurité, on en déduit facilement, pour chaque portée, la tension et la flèche.

En effet :

$$T = \frac{Q}{K}.$$

(Q = charge de rupture totale.)

Comme pour le fer, on a pris $q = 5d$, $Q = 5P$, P étant le poids kilométrique, et on a :

$$T = \frac{5P}{K}.$$

En portant T en abscisse, on aura des hyperboles qui ont été construites pour 5 valeurs de P correspondant aux fils de 2, 3, 4, 5 et 6 millimètres de diamètre.

On a :

$$f = \frac{a^2 p}{8T};$$

d'où :

$$f = \frac{a^2 p}{\dfrac{8 \times 5P}{K}} = \frac{a^2 K}{4 \times 10^4}.$$

En portant f en abscisse encore, on a des lignes droites pour les diverses valeurs de a.

De sorte que, sur le graphique, on a, pour chaque fil, la température, la flèche, la tension et le coefficient de sécurité en fonction les uns des autres.

Mais il reste à fixer la température que l'on veut adopter pour le coefficient de sécurité $\frac{1}{5}$. Il ne faut pas que, par les plus grands froids, le coefficient de sécurité devienne trop faible, et, d'un autre côté, on ne doit pas avoir de trop grandes flèches sous peine de nombreux mélanges.

L'expérience prouve qu'on doit faire travailler le fer entre $\frac{1}{6}$ et $\frac{1}{4}$ de sa charge de rupture.

On peut adopter, comme règle, $\frac{1}{5}$ de la charge de rupture ou une tension égale au poids kilométrique à + 10 degrés.

Il suffira d'ajouter + 10° à toutes les températures sur le graphique, et l'on en déduira pour la portée-type de 80 mètres et le fil de 4 millimètres les données suivantes :

Ces chiffres conviennent très bien pour la construction d'une ligne sur chemin de fer.

TEMPÉRATURE.	TENSION POUR LE FIL de 4 millimètres.	FLÈCHE POUR LA PORTÉE de 80 mètres.	COEFFICIENT de SÉCURITÉ.	OBSERVATIONS.
degrés	k	m		
— 10	132	0,61	1/3,8	On calculera la tension pour un fil d'un diamètre différent en multipliant par le rapport des carrés des diamètres.
5	122	0,65	1/4,1	
0	114	0,70	1/4,4	
+ 5	106	0,75	1/4,7	
10	100	0,80	1/5	La flèche et le coefficient de sécurité sont les mêmes.
15	94	0,85	1/5,33	
20	88	0,91	1/5,66	
25	83	0,96	1/6	
30	79	1,01	1/6,3	

Les flèches ont été calculées dans la table par la formule $f = \frac{a^2 p}{8\,T}$, c'est-à-dire comme si la chaînette se confondait avec une parabole. Ce n'est pas tout à fait exact pour les grandes portées. Néanmoins l'approximation est très grande. Ainsi, pour les plus grandes flèches inscrites dans la table, soit 12 mètres, la correction n'atteint pas 0 m. 06, soit 0,5 p. 100.

La tension est celle qui correspond au point le plus bas.

La tension au point d'appui s'obtient en ajoutant le poids d'une longueur de fil égale à la flèche.

Pour la flèche de 12 mètres, l'augmentation est de moins de 3 p. 100.

Table II. Bronze télégraphique.

On a pris $a_1 = 17,5$ $\varepsilon_1 = 78$ $d = 9,15$ $q = 5d = 45^k,75$. La densité 9,15 résulte du poids kilométrique des fils usuels de 2^{mm} et $2^{mm},5$. Cette densité est supérieure à celle du cuivre 8,9.

La charge de rupture a été prise encore égale à 5 fois le poids kilométrique, comme pour le fer. Le cahier des charges indique 45 kilogrammes par millimètre carré, et de nombreux essais donnent 46 à 47.

Le coefficient de dilatation est celui du cuivre.

Quant au coefficient d'allongement, il résulte d'essais faits en Belgique à l'usine Montefiore par M. Cloeren (*Bulletin de la Société des électriciens belges*, janvier 1888).

C'est aussi celui que l'on trouve dans certains formulaires pour le cuivre dur.

Si on considère ce qu'on appelle le coefficient d'élasticité E défini par la formule $T = Ei$ pour l'unité de section et de longueur, i étant l'allongement non permanent, on voit que ε n'est autre chose que $\dfrac{1}{E}$, puisque c'est l'allongement pour $T = 1$. L'agenda Oppermann donne 12,000 à 13,000 pour E, soit $\varepsilon = 83.10^{-6}$ à 77.10^{-6}, ce qui correspond bien au chiffre 78.10^{-6} trouvé par M. Cloeren.

Ce coefficient a une très grande importance. J'avais d'abord pris pour l'allongement du bronze $\dfrac{1}{6}$ de l'allongement du fer, parce que, d'après le cahier des charges, l'allongement au moment de la rupture ne doit pas dépasser 1 p. 100, tandis qu'on tolère 6 p. 100 pour le fer. On voit, sur le graphique 2 *bis* correspondant à $\varepsilon_1 = 9$, que les courbes sont totalement différentes et bien moins avantageuses. Il n'y a pas de relation entre l'allongement non permanent et l'allongement permanent; il vaut donc mieux adopter le chiffre $\varepsilon_1 = 78$ en attendant de nouvelles mesures et rejeter le graphique 2 *bis*.

Les courbes ont été tracées sur le graphique 2 pour 10 portées (les mêmes que pour le fer) et pour 8 sortes de fils, $1^{mm}5$, 2^{mm}, $2^{mm}5$, 3^{mm}, $3^{mm}5$, 4^{mm}, $4^{mm}5$, 5^{mm}.

Comme je l'ai fait remarquer, je regarde les tensions adoptées comme trop faibles, et je crois qu'on peut sans crainte adopter pour le bronze télégraphique la même règle que pour le fer, c'est-à-dire que la tension de $\dfrac{1}{5}$ de la charge de rupture, ou égale au poids kilométrique, doit être prise à 10 degrés.

Un essai a été fait dans le département du Loiret par M. Berger, inspecteur principal, sur une ligne qui était souvent mélangée, et les ruptures n'ont pas été plus fréquentes qu'ailleurs.

En ajoutant donc + 10 degrés à toutes les températures sur le graphique, on en déduira pour la portée de 80 mètres et le fil de 2 millimètres les données suivantes :

TEMPÉRATURE.	TENSION POUR LE FIL de 2 millimètres.	FLÈCHE POUR LA PORTÉE de 80 mètres.	COEFFICIENT de SÉCURITÉ.	OBSERVATIONS.
degrés	k	m		
— 10	39	0,60	1/3,75	On calcule la tension pour un fil de diamètre différent en multipliant par le rapport des carrés des diamètres.
5	36	0,65	1/4,05	
0	33,5	0,70	1/4,33	
+ 5	31	0,75	1/4,66	
10	29	0,80	1/5	
15	27	0,86	1/5,36	
20	25,5	0,92	1/5,72	
25	24	0,98	1/6,1	
30	22,5	1,04	1/6,5	

Si l'on compare avec le tableau du fer, on remarque que les flèches sont très sensiblement les mêmes ; de sorte que, si on tend parallèlement un fil de fer et un fil de bronze, avec une tension égale au poids kilométrique, à la température de 10 degrés, les deux fils resteront parallèles dans des limites de température très étendues. Ce fait paraît contraire à l'expérience : on remarque qu'il faut laisser une place libre entre les fils de bronze et les fils de fer, pour éviter les mélanges, mais cela tient à ce que, à la même température, les fils ne sont pas tendus avec la même force.

L'Administration fixe en effet pour le fil de 2 millimètres une tension de 20 kilogrammes à + 5 degrés. C'est donc 11 kilogrammes de moins que la tension que je propose. Cette tension de 20 kilogrammes correspond au coefficient $\frac{1}{7,25}$.

En se reportant au graphique, on construit alors le tableau ci-après (page 192) :

TEMPÉRATURE.	TENSION POUR LE FIL de 2 millimètres.	FLÈCHE POUR LA PORTÉE de 80 mètres.	COEFFICIENT de SÉCURITÉ.	OBSERVATIONS.
degrés	k.	m		
0	21,2	1,10	1/6,85	
5	20	1,16	1/7,25	
10	19	1,22	1/7,65	
15	18	1,28	1/8	
20	17,2	1,34	1/8,4	
25	16,5	1,41	1/8,8	
30	15,8	1,47	1/9,2	

On voit alors que si l'on pose 1 fil de bronze et un fil de fer à + 10 degrés avec les tensions adoptées actuellement, la différence des flèches est de 42 centimètres, c'est-à-dire qu'il faut laisser une place libre.

Mais la même différence se maintient sensiblement.

A 30 degrés, les fils ne sont rapprochés que de 4 centimètres, puisque le fil de fer s'est abaissé de 21 centimètres et le fil de bronze de 25 centimètres.

En résumé, je propose pour le fer et le bronze d'adopter la règle unique suivante qui est très simple.

La tension est égale au poids kilométrique à + 10 degrés. Le métal travaille alors au $\frac{1}{5}$ de la charge de rupture, dans les deux cas, et la flèche de 80 centimètres pour la portée normale de 80 mètres..

TABLE III. ACIER.

On a pris $a_1 = 11$ $\varepsilon_1 = 45$ $d = 7,8$ $q = 15d$ ou environ 120 kilogrammes par millimètre carré.

La construction des tables a été faite comme ci-dessus.

Lorsque l'acier est employé en lignes sur chemin de fer, on peut se contenter d'adopter les mêmes tensions et les mêmes flèches que pour le fil de fer.

Quand on se servira du fil d'acier de 2 millimètres pour les lignes téléphoniques, on aura souvent de longues portées à faire. Il y aura intérêt à avoir des flèches très faibles pour éviter les mélanges, on pourra alors adopter la table sans changement, c'est-à-dire tendre à $\frac{1}{5}$ de la charge de rupture à 0 degré.

Table IV. Bronze téléphonique.

On a pris $\alpha_1 = 17,5$ $\varepsilon_1 = 78$, comme pour le bronze télégraphique.

$$d = 9.3 \left(\text{d'après le poids } 8^k85 \text{ du fil de } \frac{11}{10} \right).$$

$$q = 8d = 65^k \text{ environ par millimètre carré.}$$

On pourra adopter la table sans changement, c'est-à-dire tendre à $\frac{1}{5}$ de la charge de rupture à o degré.

NOTE

SUR L'EMPLOI DES MACHINES ÉLECTRIQUES, DES PILES
OU DES ACCUMULATEURS EN TÉLÉGRAPHIE,

par M. Godfroy, contrôleur.

A ne considérer que le mode de production de l'électricité, on peut dire que l'emploi de générateurs mécaniques pour les besoins de la télégraphie date des débuts mêmes de celle-ci, comme on le voit par la série nombreuse des télégraphes dits *magnéto-électriques* ou à courants d'induction, qui ont été imaginés depuis cette époque, à commencer par celui de Gauss et Weber, lequel date de 1834. La plupart de ces systèmes ont figuré aux expositions de 1855, 1862 et 1867, et l'on en trouvait de nombreux spécimens dans la section rétrospective de l'exposition de 1881. De tous les télégraphes de cette catégorie, on n'utilise plus guère aujourd'hui que certains appareils de Siemens, dans l'exploitation de quelques chemins de fer allemands, et l'appareil alphabétique de Wheatstone, encore en usage dans les petites localités de l'Angleterre dont il est retiré peu à peu pour faire place au téléphone. (Il est vrai que le téléphone est lui-même une petite machine.)

Il ne s'agit pas d'ailleurs, dans cette note, de ces systèmes particuliers dans lesquels le générateur de courant n'est, le plus souvent, qu'un organe du manipulateur, mais seulement de l'application des courants des machines industrielles à des transmissions télégraphiques simultanées, dans plusieurs directions.

Jusqu'à présent la discussion la plus intéressante sur ce sujet fut, sans contredit, celle qui se produisit au congrès de 1881. La question y fut, en effet, jugée assez importante pour justifier la nomination d'une commission spéciale composée de MM. Brix, Baron, Marcel Deprez, Mercadier, Hughes et du Moncel. On s'entretenait beaucoup alors des expériences faites par Schwendler en 1879 et de la substitution toute récente des machines aux piles, dans le bureau central de la *Western Union Company* à New-York ; mais on était moins au courant des essais effectués antérieurement, tant en France qu'à l'étranger, et dont quelques-uns avaient eu cependant un certain succès.

Ceux de M. Émilien Bouchotte, en France, commencés à Metz en 1867, n'avaient été définitivement interrompus que par les événements de 1870. Ils avaient été faits avec une petite machine de l'*Alliance*, à courants redressés au moyen d'un commutateur spécial, et avaient donné de bons résultats, pour l'époque, sur divers circuits, même sur celui de Paris, pendant quatre mois consécutifs, et M. Aubry, inspecteur des télégraphes à Metz, aujourd'hui directeur-ingénieur en retraite, trouvait que ce système pouvait présenter de sérieux avantages dans les grands bureaux.

M. Caël avait obtenu plus tard, à Lille, vers 1872 et 1873, avec une magnéto Gramme de laboratoire, des résultats qui, même au hughes, n'étaient pas non plus sans valeur. En Angleterre, M. Culley obtenait des résultats analogues à Londres, à peu près à la même époque, également avec des machines Gramme magnéto-électriques, mais trouvait cependant les courants trop peu stables pour les circuits desservis par des appareils automatiques Wheatstone.

Varley avait essayé, cinq ou six ans plus tôt, des machines Wilde pour desservir plusieurs lignes. Je ne cite là que les essais principaux.

Les expériences de Schwendler, faites à deux reprises en 1880, furent trop restreintes et ne durèrent pas assez pour avoir une grande signification au point de vue des résultats pratiques, mais la méthode méritait l'attention, en ce sens qu'elle avait pour principe de n'utiliser pour les besoins télégraphiques qu'une fraction insignifiante du courant principal d'une machine alimentant des lampes ou des moteurs.

On pouvait se servir dès lors d'une machine dynamo-autoexcitatrice, et au point de vue économique, les courants télégraphiques ne représentaient qu'une dépense négligeable et pour ainsi dire «en surplus».

Dans les derniers mois de 1879, Schwendler publia un mémoire très circonstancié sur sa méthode, l'essai qu'il en avait fait et les résultats obtenus, dans le journal de la Société asiatique du Bengale et dans le *Philosophical magazine*. Ce mémoire, reproduit ou analysé dans la plupart des journaux d'électricité fondés depuis peu, a dû contribuer beaucoup à réveiller l'attention des intéressés.

Aux États-Unis, la *Western Union Company* n'avait cependant pas attendu cette publication pour entreprendre dès 1877, soit à San-Francisco, soit à New-York, des essais prolongés sur les divers systèmes qui lui étaient soumis, et la conclusion de ces essais fut qu'elle renonça définitivement aux piles dans le courant de l'année 1880. Il est vrai qu'elle prit cette détermination, non pas seulement par raison d'économie, quoique le prix de revient des piles fût plus de dix fois plus élevé dans son service que dans le nôtre, mais surtout dans le but de rendre libre une salle du cinquième étage qui contenait 15,000 éléments et que l'on craignait de voir céder sous un tel poids.

Les machines à double enroulement n'étaient pas connues à cette époque, et, d'autre part, on n'était pas encore arrivé à donner une résistance pour ainsi dire négligeable à l'induit des machines excitées en dérivation. Une des difficultés du problème était donc de rendre le potentiel aux bornes à peu près indépendant du nombre de circuits en activité; une autre, non moins importante, de pouvoir prendre pour chaque ligne le potentiel convenable. Le docteur Lugo, de New-York, proposait l'emploi d'une seule dynamo, ayant une dérivation ou circuit *extérieur* fixe de faible résistance, beaucoup moindre, par conséquent, que celle des lignes extérieures, mais plus grande cependant que celle de la machine, de sorte que le courant pût se diviser proportionnellement entre les lignes et la dérivation. La machine ne pouvait être désamorcée et les variations de potentiel aux bornes ne pouvaient provenir que de variations de vitesse ou bien de variations dans le nombre de circuits en activité; encore l'auteur pensait-il que, dans ce dernier cas, il devait se produire, du moins dans certaines limites, une sorte d'autorégulation, à la condition que la résistance intérieure de la machine, celle du circuit extérieur fixe et celle de l'ensemble des lignes fussent dans un certain rapport. Ce procédé ne résolvait guère que la première difficulté et devait entraîner l'emploi de résistances additionnelles sur la plupart des circuits, afin de les rendre égaux.

Celui de M. Stephen D. Field, de San-Francisco, quoique beaucoup moins simple, mais plus complet, a été choisi de préférence.

Quinze machines Siemens furent donc installées, en 1880, d'après ce système; elles formaient trois séries de cinq machines, dont une série pour remplacer les piles positives, une pour remplacer les piles négatives, et la troisième pour servir de rechange à l'une ou à l'autre des deux premières suivant le cas. Chaque groupe était commandé par un moteur à vapeur de 6 à 7 chevaux.

Dans chaque groupe, la première machine autoexcitatrice excitait en même temps toutes les autres, les inducteurs des machines étant reliés en série; les induits des machines 2, 3, 4 et 5 étaient également reliés en série.

Dans le groupe positif, par exemple, le balai négatif de la deuxième étant à la terre, le balai positif communiquait avec le balai négatif de la troisième et ainsi de suite; on avait ainsi à chaque balai positif, d'où partait une dérivation alimentant un certain nombre de lignes, un potentiel différent, soit 70 volts à la deuxième machine, 140 à la troisième, 210 à la quatrième et 280 à la cinquième. Quatre potentiels différents seulement pouvaient donc être pris à chaque série, mais la compagnie s'en contentait. Pour éviter les courts circuits ou la détérioration des instruments par les étincelles, des résistances artificielles de 3 ohms par volt étaient placées sur chaque prise de courant, soit 210 ohms sur les lignes reliées à la deuxième machine, 420 sur celles qui aboutissaient à la troisième, et ainsi de suite. Le nombre des circuits desservis était d'environ 600. Cette méthode a été un peu perfectionnée en 1888. (Voir *Annales*, p. 262.)

Telle était donc la situation en 1881. La commission spéciale du congrès, considérant qu'on était toujours dans la période des essais, ne jugea pas le moment venu de se prononcer catégoriquement; elle fut surtout retenue par la crainte, exprimée par M. le professeur Hughes, que les courants de machines, n'étant pas rigoureusement continus, mais périodiques, ne pussent être appliqués aux appareils rapides, tels que ceux de Hughes, Wheatstone, Meyer, Baudot, etc. Elle se borna donc à exprimer le vœu que des expériences nouvelles fussent faites dans les grands bureaux, quoique M. Marcel Deprez eût préconisé l'emploi de son mode de distribution à différence de potentiel constante, ainsi que l'introduction d'accumulateurs pour rendre le courant réellement continu.

Dans les années qui suivirent, des expériences isolées eurent lieu à Prague et dans différentes localités; les seules un peu sérieuses furent effectuées à Berlin en 1884. On en trouve une relation dans l'*Elektrotechnische Zeitschrift*. Une dynamo avec excitation séparée donnant 4o volts aux bornes a fourni pendant quelque temps le courant nécessaire à 4a lignes, tant aériennes que souterraines, dont les unes étaient au morse à courant intermittent, les autres au morse à courant continu et d'autres encore à l'appareil Hughues. En même temps, une dérivation, allant du bureau central de la *Jägerstrasse* au bureau de la Bourse, fournissait à ce dernier le courant nécessaire à 6 lignes, dont deux au morse et quatre au hughes. Les divers circuits, quoique de résistances très différentes, auraient très bien fonctionné dans ces conditions; on aurait même constaté que certains des plus longs donnaient de meilleurs résultats qu'avec des piles de 5o à 6o éléments et plus; mais il n'y avait pas là de quoi s'étonner, étant donné que la résistance de la machine était négligeable, tandis que celle des piles pouvait être assez grande pour que la chute de potentiel dépassât 15 à 2o volts aux manipulateurs, quand ceux-ci étaient abaissés. Nous ignorons quelle fut la conclusion de l'Administration allemande.

Dans cette même année 1884, M. Rothen publia dans le *Journal de Berne* une étude très approfondie de la question, et M. Preece fit, sur le même sujet, à la Société des Ingénieurs télégraphistes et électriciens de Londres, une communication assez longue dont la conclusion était en faveur des piles. Quelque temps après, il soutint la même opinion défavorable aux machines devant la *Society of Arts*, et manifesta sa préférence pour les accumulateurs, dans le cas où il y aurait intérêt à remplacer les piles par une source d'électricité moins encombrante. Il avait déjà fait entreprendre à ce moment, au moyen d'accumulateurs, des essais qui se poursuivent encore et dont il sera question plus loin. Les principaux arguments de M. Preece contre l'emploi des machines étaient la difficulté de pouvoir prendre le courant à un potentiel quelconque suivant les besoins du service, ainsi que la fréquence des variations.

Le projet présenté à l'Administration française par M. P. Picard, à la fin de 1886, et qui fut expérimenté avec succès pendant près d'un an sur 40 à 50 circuits, au morse, au hughes ou au baudot, répond victorieusement à ces objections.

Voici dans quels termes M. Picard expose lui-même son procédé :

«Mon système n'exige qu'une seule machine; cette machine s'excite par elle-même; l'indépendance des courants de ligne est parfaite et je réalise une notable économie sur l'emploi des piles hydro-électriques primaires ou secondaires.

«Toute la nouveauté de mon système réside dans le moyen que j'emploie pour obtenir, à l'aide d'une seule machine, et sans le secours de résistances auxiliaires, des prises de courant à toutes les tensions intermédiaires entre o et 100 ou 120 volts, tension maximum employée en France pour la télégraphie.

«Mon procédé est des plus simples : si l'on porte sur une horizontale xx (fig. 11) la résistance d'un circuit AB fermé par la terre et dans lequel est

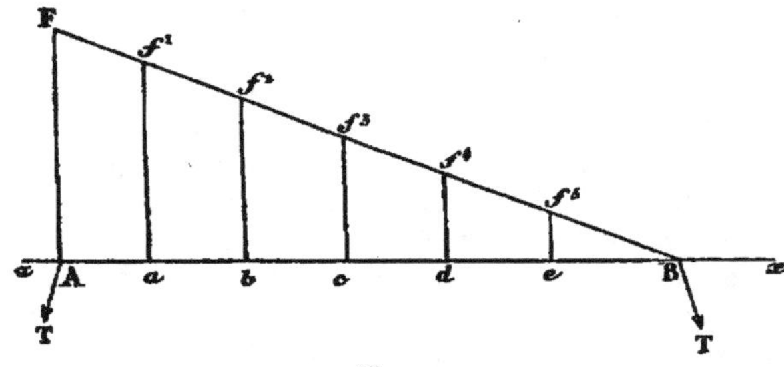

Fig. 11.

intercalé un générateur électrique dont la force motrice est AF, on sait que la différence du potentiel entre les divers points $a, b, c, \ldots$ de ce circuit et la terre sera donnée par les hauteurs af^1, bf^2, $cf^3 \ldots$ C'est là tout mon système. Je mets un des balais de la machine directement à la terre et je ferme mon circuit local en reliant l'autre balai également à la terre, mais à travers une résistance AB le long de laquelle je fais mes prises de courant à tel potentiel qui convient à chaque ligne à desservir, c'est-à-dire aux points a, b, c, etc.

«J'emploie la machine Gramme ordinaire, type d'atelier, mais, puisque je lui ferai toujours débiter un courant d'environ 20 ampères, j'ai tout intérêt à diminuer la résistance des inducteurs, de façon qu'il faille une intensité beaucoup plus grande pour arriver à saturer les inducteurs.

«Je puis aussi bifurquer le circuit des inducteurs ordinaires pour réduire sa résistance au quart de ce qu'elle est actuellement.

«L'amorcement se fera alors avec 15 à 20 ampères environ, au lieu de 8 à 10, la saturation exigeant une intensité supérieure. Je réaliserai par cette disposition tous les avantages du compoundage, c'est-à-dire que je pourrai donner à mon circuit local une résistance telle que l'intensité du champ magnétique suive sensiblement les variations de courants occasionnées par les variations du travail des lignes, ce qui m'assurera une différence de potentiel constante aux bornes quel que soit le travail utile qui n'est toujours qu'une fraction déterminée du travail total de la machine.

«La figure 12 donne une idée théorique de l'ensemble du système.

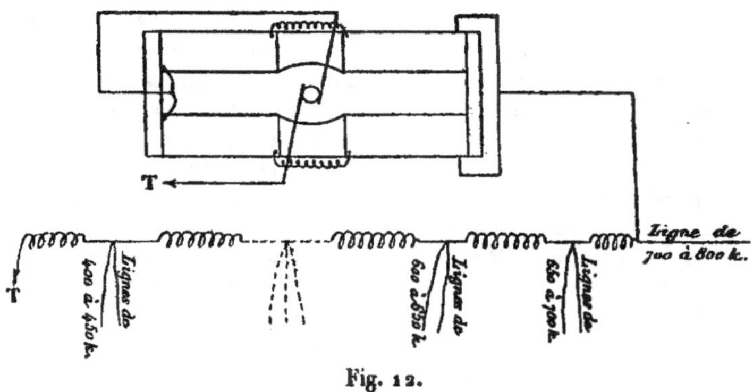

Fig. 12.

«L'emploi d'une machine pourrait être dangereux pour les câbles et les appareils, en cas d'une mise à la terre accidentelle au poste même de départ; mais il suffit, pour prévenir tout danger, de placer sur chaque fil, entre la machine et le manipulateur, une résistance d'un nombre d'ohms égal au double, au triple ou même au quadruple du nombre de volts par lequel chaque ligne est desservie. De cette façon on ne pourrait jamais avoir, dans aucune section du circuit, une intensité supérieure à 1/2, 1/3 ou 1/4 d'ampère. Sur une machine débitant de 20 à 25 ampères dans son circuit local, une ou plusieurs lignes à la terre à un moment donné ne pourront jamais compromettre le service sur les autres lignes, et les câbles ne pourront pas s'échauffer.»

En résumé, le procédé consiste à prendre des dérivations à des points présentant le potentiel voulu le long d'un circuit extérieur de très faible résistance réunissant les deux bornes d'une machine dynamo; l'une des bornes communique à la terre lorsque les différents potentiels doivent tous être de même nom; la communication avec la terre se trouve au contraire en un point intermédiaire quand on veut avoir des potentiels positifs d'un côté et négatifs de l'autre : la somme des courants télégraphiques existant simultanément reste toujours faible par rapport au courant de grande intensité qui circule en permanence dans un circuit local, étant donné que le courant nécessaire à chaque fil peut n'être que la millième partie du courant principal.

L'expérience en a été faite sur 43 lignes dans les conditions suivantes :

Une machine Gramme, type d'atelier, excitée en série, la borne négative à la terre, donnait un courant de 15 ampères avec 100 volts aux bornes, la résistance extérieure étant 6,6 volts. Cette résistance était formée de 40 boudins de fil, chaque boudin ayant 0,165 ohm, de sorte que la différence de potentiel entre deux boudins était, à très peu de chose près, de 2,5 volts. Les prises de courant étaient échelonnées le long de cette résistance, de manière que chaque ligne fût parcourue par un courant de 15 volts, en supposant atteint l'état permanent et en négligeant les pertes. Sur chaque ligne, c'est-à-dire entre la prise de courant et le manipulateur, se trouvait intercalée une résistance calculée de façon que, dans le cas d'une mise à la terre dans le poste même, l'intensité ne dépassât pas 1/4 d'ampère, soit 48 ohms à 12 volts, 60 à 15 volts, etc.; les agents, comme les instruments, se trouvaient en outre protégés contre tout danger, et, de plus, l'intensité du courant sur les autres circuits ne se trouvait pas sensiblement modifiée, cette mise à la terre n'absorbant même pas la soixantième partie du courant total.

L'installation comprenait un groupe de commutateurs multiples, genre Baudot, permettant de reporter d'un seul coup les 43 lignes sur les piles primitives, soit pour le service de nuit, soit dans le cas d'arrêt ou de mauvais fonctionnement de la machine.

Les appareils desservis se décomposaient en 35 morses, 7 hughes et 1 baudot multiple (Marseille, pile de ligne positive). A ce point de vue, les craintes manifestées par M. Hughes, en 1881, se trouvaient donc réduites à néant, du moins en pratique.

Quant aux variations de courant qui pouvaient sembler à redouter de prime abord dans chaque circuit, par suite du travail inégal des autres, elles étaient tout à fait négligeables dans les conditions de l'expérience, et il est facile de calculer que, si le nombre des lignes avait été porté de 43 à 300 ou 400, on n'aurait pas cessé de se trouver pratiquement dans des conditions encore plus favorables que celles qui résultent actuellement de l'emploi de groupes en échelle d'Amsterdam. Or les variations, dans le cas des groupes en cascade, ne dépassent pas des limites parfaitement acceptables et bien inférieures à celles qui sont dues souvent aux variations dans l'état des lignes.

On peut admettre, en effet, que la dépense en électricité des circuits du

Poste central, sur lesquels on fait usage du courant positif, est au plus de quatre coulombs par seconde, soit un courant permanent moyen de 0,25 ampère heure; c'est-à-dire que la somme des courants des circuits fermés simultanément est au plus de 4 ampères; or on a pu, *sans nuire aux transmissions effectuées sur les 43 lignes en expérience :*

1° Établir successivement, à différents points du circuit local, une dérivation intermittente calculée chaque fois pour laisser passer 4 ou 5 ampères;

2° Fixer cette dérivation à 50 volts (milieu de la résistance), après l'avoir munie d'un interrupteur manœuvré comme un manipulateur Morse. Cette expérience a duré trois heures sans donner lieu à la moindre observation de la part des postes desservis par la machine.

On peut donc en conclure la possibilité certaine d'alimenter tous les fils du Poste central sans que les variations de potentiel, provenant du travail intermittent des lignes, soient une cause réelle de difficultés. On sait, d'ailleurs, qu'il existe pour les machines en série un certain point de la caractéristique qui donne une espèce d'autorégulation (voir les *Annales* de 1886, étude de M. Vaschy).

On a pu constater en outre que, grâce aux résistances intercalées dont j'ai parlé plus haut, une communication accidentelle à la terre de l'un des postes, Hughes ou Morse, n'entravait nullement le service sur les autres, avantage qui n'existe pas avec les piles telles qu'elles sont groupées maintenant.

Les variations de vitesse de la machine, quoique assez fréquentes, sont restées inaperçues dans le service des transmissions. Le seul point sur lequel il était bon d'exercer une certaine surveillance était le contact des balais sur le collecteur, car, suivant l'angle de calage, la pression, l'usure et, par suite, la surface plus ou moins grande de contact, le potentiel aux bornes pouvait varier de 8 à 10 p. 100; mais rien n'était plus facile que de faire cette vérification qui rentre dans le service même d'entretien de la machine.

Ce qu'il importe donc d'examiner, tant au point de vue de la théorie qu'à celui de la pratique et de l'économie, c'est la valeur relative des piles et des machines en tant que sources d'électricité pour les transmissions télégraphiques. C'est une question qui offre un grand intérêt pour les grands bureaux où l'on emploie plusieurs milliers d'éléments, mais elle est assez complexe et présente plusieurs points à considérer. Les conditions les plus essentielles sont d'abord la *sécurité* de fonctionnement, c'est-à-dire la certitude que la source électrique ne peut pas faire défaut, à un moment quelconque, sur la plupart ou sur la totalité des circuits, et ensuite la possibilité de réaliser toutes les combinaisons, quelles qu'elles soient, qui conviennent le mieux aux diverses installations et aux divers circuits à desservir, de manière à obtenir, sur chaque ligne, des courants ayant une valeur à peu près constante et calculée d'après la résistance du circuit et la nature des appareils employés.

La question d'économie, pourtant secondaire, n'est pas non plus à négliger, quoiqu'elle doive rester subordonnée à la sécurité et à la régularité des transmissions. A ces divers égards, les piles offrent toutes les garanties et toutes les facilités désirables; mais elles présentent, d'autre part, dans les grands bureaux, l'inconvénient d'exiger des emplacements parfois très considérables et des soins d'entretien plus ou moins assidus.

Aussi a-t-on généralement renoncé aux piles distinctes, pour faire usage de piles à plusieurs directions, desservant simultanément les lignes reliées à des appareils qui peuvent supporter sans trouble quelques petites variations dans l'intensité du courant qui doit les actionner.

Cette méthode, qui présentait jadis certains inconvénients parce que les lignes étaient moins bien isolées et qu'on s'attachait moins qu'aujourd'hui à employer des piles de faible résistance, donne actuellement des résultats très satisfaisants, et l'on peut, avec une pile unique, alimenter simultanément plusieurs circuits, *même de longueurs ou de résistances très différentes*. Ce dernier résultat n'est atteint toutefois que sous certaines conditions qu'on est tenu d'observer, parce qu'il n'est pas toujours possible de relier à une même pile un nombre suffisant de lignes offrant, à peu de choses près, la même résistance. Si, en effet, cette latitude existait, la solution serait des plus simples : il suffirait de disposer la pile ou d'en choisir les éléments, de façon que sa résistance intérieure fût assez faible pour maintenir les variations dans les limites convenables.

C'est ainsi qu'au Poste central des télégraphes tous les circuits métropolitains, qui sont au nombre de 120 environ et présentent chacun une résistance de 550 à 650 ohms, y compris l'appareil récepteur, sont desservis par une pile unique ayant une force électromotrice de 17 volts et une résistance d'environ 50 ohms. Le potentiel est à peu près de 14,5 volts au manipulateur quand une seule ligne travaille, tandis que, si tous les circuits étaient simultanément fermés, la résistance extérieure réduite deviendrait dix fois plus petite que celle de la pile, et le potentiel ne serait plus guère supérieur à 1,5 volt au manipulateur. En réalité, les fils métropolitains travaillent fort peu (le service se fait presque tout entier par tubes pneumatiques) et il résulte de constatations réitérées que, même aux heures les plus chargées de travail, le potentiel aux bornes ne descend pas au-dessous de 12 volts; d'où l'on peut conclure que 4 ou 5 manipulateurs au plus se trouvent simultanément sur contact et que les variations d'intensité ne dépassent pas 25 p. 100, chiffre parfaitement acceptable avec l'appareil Morse, surtout à d'aussi faibles distances. 200 éléments Callaud grand modèle, à spirale, ayant chacun 3,8 ohms environ de résistance et disposés en 12 séries parallèles de 17 éléments, rendent ainsi les mêmes services que les 1,800 éléments du même type ou que les 1,200 leclanché qui seraient nécessaires s'il fallait employer des piles distinctes.

Les circuits *extra muros* ne se prêtent malheureusement pas aussi bien que les lignes urbaines à une application aussi avantageuse; leurs résistances varient de 600 à 6,000 ou 7,000 ohms et l'on ne pourrait pas en trouver un très grand nombre de même résistance. En outre, le travail est incomparablement plus actif sur ces lignes que sur celles de Paris, de sorte que, si l'on voulait les desservir par le même procédé, il faudrait établir la pile de façon à donner à sa résistance intérieure une valeur *relativement* plus faible que dans le cas cité précédemment.

En Angleterre, où l'on fait usage de piles montées dans ces conditions sous le nom ʺd'Universal Battery Systemʺ, on admet que la résistance de la pile ne doit pas être supérieure à celle que présenterait l'ensemble des circuits simultanément fermés. Si ce dernier cas pouvait se présenter, les variations atteindraient au maximum 50 p. 100; mais, en pratique, il n'y a qu'un tiers ou un quart des manipulateurs simultanément sur transmission au même poste, de sorte que les variations ne sont guère que de 15 p. 100.

Voici, d'ailleurs, la règle observée au Post-Office : ʺOn relie rarement plus de 5 ou 6 fils à la même pile. Il n'est pas nécessaire que les circuits aient tous exactement la même résistance, bien qu'il convienne de ne pas dépasser un écart de plus de 25 p. 100. Exemple : dans un groupe dont le plus long circuit aurait 2,000 ohms, aucun autre circuit ne devrait en avoir moins de 1,500. Quand les lignes à grouper ne sont pas dans ces conditions, on peut introduire des résistances artificielles sur les fils de pile en se basant sur l'écart ci-dessus de 25 p. 100.

ʺSoit le cas (fig. 13) de 5 circuits ayant respectivement 2,000, 1,500,

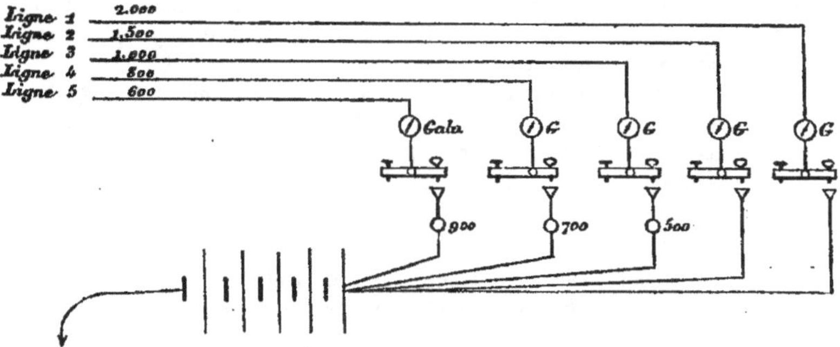

Fig. 13.

1,000, 800 et 600 ohms, on mettra des bobines de 500, 700 et 900 ohms pour avoir 1,500.

« Il ne semble pas utile d'équilibrer tous les circuits sur le plus résistant, puisque les fils les plus longs sont plus affectés par les pertes et que, par conséquent, leur résistance diminue davantage par les mauvais temps. Le choix une fois fait des lignes à grouper, on forme la pile de façon que le quotient de résistance du circuit le plus long par le nombre des circuits soit supérieur ou au moins égal à la résistance de la pile. Pour atteindre ce but, on emploie, suivant les circonstances, soit des éléments Daniell du type UK, soit des éléments Fuller au bichromate [1], la pile ne comportant *qu'une seule série en tension.* »

L'emploi de cette méthode dans les grands bureaux du Post-Office remonte à 1878. Elle prête un peu à la critique, en ce sens que tout se passe sur les circuits les plus courts comme s'ils étaient reliés à une pile de résistance intérieure relativement considérable, plus grande en tout cas que celle des appareils récepteurs correspondants, et l'on sait que cette disposition ne peut qu'augmenter l'influence nuisible des pertes qui viennent à se produire sur la ligne. Ce qui tendrait à le prouver, c'est que, après avoir essayé en 1883 ou 1884 d'appliquer « l'Universal Battery System » aux circuits desservis par les appareils Wheatstone, le Post-Office est revenu en 1886 à l'emploi de piles distinctes pour chacun de ces circuits.

En France, on fait usage, depuis 1872 ou 1873, pour desservir simultanément plusieurs lignes, quelles qu'en soient les longueurs, du mode de groupement d'éléments dit *en cascade* ou *en échelle d'Amsterdam*, parce que que c'est en Hollande que l'application paraît en avoir été faite tout d'abord.

M. Barbarat a publié dernièrement dans les *Annales télégraphiques* (mars-avril 1888) une étude très approfondie sur ce montage particulier des piles, qui est d'ailleurs bien connu.

Au point de vue de la dépense d'installation, cette méthode est un peu plus avantageuse que celle du Post-Office : le nombre d'éléments est environ de 11 p. 100 plus faible et l'on économise en outre le prix de revient des résistances additionnelles.

Les télégraphistes anglais lui reprochent de rassembler sur un même groupe un trop grand nombre de circuits, qui peuvent se trouver interrompus simultanément, soit par une rupture ou un mauvais contact du fil de terre, soit par suite d'une mise à la terre de l'un des circuits dans le

---

[1] Les premiers ont une résistance d'environ 5 ohms, les autres n'ont que 2,5 ohms et ont une force électromotrice double, soit une résistance près de cinq fois moindre pour une force électromotrice égale.

poste même ou à proximité. Ce dernier inconvénient se présente en effet quelquefois, mais il n'a pas encore eu de conséquences graves dans la pratique; on a vite fait de reconnaître quel est le fil qui cause le dérangement et de le mettre de côté; si le dérangement est dû, par un hasard exceptionnel, à une mauvaise communication du groupe avec la terre, on relie momentanément les 40 fils des manipulateurs aux bornes où aboutissent les prises de courant d'un autre groupe.

D'autre part, un élément défectueux, pour une cause quelconque, n'empêche pas la pile de fonctionner, tandis que cet inconvénient peut se présenter dans les piles à une seule série, comme celles de l'Administration anglaise. En résumé, les piles en échelle d'Amsterdam donnent de bons résultats avec un nombre restreint d'éléments et présentent, au point de vue de l'entretien et de la facilité des combinaisons, des avantages que la 5ᵉ section a d'ailleurs reconnus.

Mais on a vu aussi que la méthode d'emploi des machines de M. Picard permet de même d'obtenir de très bons résultats et que, si elle offre un peu moins de sécurité que les piles, vu la possibilité d'un arrêt accidentel, elle ne présente pas, comme elles, l'inconvénient de ne plus suffire quand l'un des circuits se trouve mis à la terre.

Pour les points considérés jusqu'à présent, les machines supportent donc la comparaison avec les piles; cette comparaison leur donne, en ce qui concerne l'emplacement nécessaire et les soins d'entretien, un avantage indiscutable, de sorte qu'il ne reste plus à examiner que le côté économique.

À ce point de vue, M. Carême nous a dit hier que le Poste central avait actuellement 8,000 éléments, dont 4,300 forment 9 groupes montés en échelle d'Amsterdam, desservant presque tous les circuits, et 3,700 (près de la moitié) forment des piles locales ou spéciales.

On pourrait encore réduire facilement d'un millier ce nombre de 8,000 éléments, sans même remanier les groupes, mais en supprimant les piles spéciales ou locales de certaines installations où elles ne sont pas indispensables. 7,000 éléments seraient donc suffisants : 4,500 pour piles à plusieurs directions, 2,500 pour piles distinctes, locales ou spéciales.

La dépense annuelle serait de 18,450 francs, soit 11,100 francs pour les traitements et salaires du personnel chargé de l'entretien et 7,350 francs seulement au titre du matériel. Il est établi, en effet, que le coût d'entretien n'est en moyenne que de 1 fr. 05 par élément, en ce qui concerne le matériel. Les dépenses en personnel sont plus élevées (1 fr. 40 actuellement, 1 fr. 60 si l'on supprimait 1,000 éléments), parce que le nombre des sous-agents chargés du service est à peu près le même aujourd'hui qu'à l'époque où il existait 9,000 ou 10,000 éléments.

On pourrait, en substituant des machines aux piles, supprimer non seulement les groupes, mais encore la majeure partie des piles locales. 1,000 ou 1,200 éléments devraient toutefois être maintenus tant pour le groupe spécial des lignes souterraines que pour les piles destinées aux expériences ou devant desservir des fils susceptibles d'être utilisés en circuit bouclé. Il y aurait de ce chef une dépense annuelle d'environ 5,000 francs, y compris les salaires de deux pilistes.

Quant à la machine, elle devrait être assez puissante pour donner un courant de 25 ampères au moins avec une différence de potentiel de 240 volts, si elle devait remplacer à la fois les piles positives et les piles négatives; mais ces dernières desservant cinq ou six fois moins de circuits que les piles positives, il serait préférable de se servir d'une machine spéciale pour chaque sens du courant, soit une première machine donnant 120 volts et 20 ampères pour les courants positifs et une deuxième donnant également 120 volts et 7 ou 8 ampères pour les courants négatifs [1].

La résistance intérieure à chaud de chaque machine étant d'environ 1,2 ohm, la première donnant un courant de 20 ampères serait en réalité le siège d'une force électromotrice d'environ 145 volts, ce qui correspondrait à une puissance électrique de 2,900 watts; la deuxième, de 8 ampères, aurait une force électromotrice d'environ 128 volts, soit une puissance électrique d'environ 1,024 watts. Les deux machines auraient donc ensemble une puissance électrique d'environ 3,9 à 4 kilowatts, correspondant à une dépense de force motrice qu'on peut évaluer à 6 ou 7 kilowatts en tenant compte des pertes de toute nature, soit environ 10 chevaux-vapeur.

En supposant que le prix du cheval-heure revienne à 0 fr. 10 [2], on aurait ainsi une dépense quotidienne de 24 francs ou annuelle de 8,760 francs. En ajoutant à ce chiffre une somme de 500 francs environ pour frais d'entretien, y compris une part proportionnelle dans le salaire des ouvriers machinistes électriciens, on arriverait au chiffre de 9,260 francs, qui, additionné avec les 5,000 francs nécessaires pour l'entretien des piles indispensables, donnerait une dépense totale de 14,260 francs par an, soit une économie de 4,190 francs sur les dépenses actuelles. Mais il y a lieu de tenir compte que, pour parer aux inconvénients qui pourraient résulter d'un défaut momentané de force motrice, il serait indispensable d'avoir en réserve soit deux groupes de pile, un positif et un négatif, à très grande

---

[1] Il est bien évident qu'il faudrait au moins une troisième machine pour servir de rechange aux deux autres, mais il ne s'agit pas en ce moment de la question d'installation, mais seulement de la dépense d'entretien.

[2] Il est annuellement de 0 fr. 19 au Poste central, mais cela tient à des circonstances exceptionnelles.

surface, ou bien deux batteries d'accumulateurs, et que la dépense de ce fait compenserait en partie l'économie réalisée d'autre part.

On peut se demander si, au lieu d'utiliser les accumulateurs uniquement pour suppléer les machines en cas de nécessité, il ne serait pas préférable de substituer purement et simplement des accumulateurs aux piles, comme le soutenait M. Preece, à une époque où le système de M. Picard n'était pas encore connu.

C'est dans le courant de 1883 que les essais d'accumulateurs ont commencé au Post-Office. Il y avait alors au bureau central de Londres environ 20,000 éléments pour desservir près de 700 circuits sur lesquels le courant était de 14 à 80 milliampères, suivant le type d'appareil en usage (80 milliampères pour les circuits desservis par les appareils Wheatstone.) Sur les 700 circuits, près de 300, desservis par des appareils spéciaux, nécessitaient des piles distinctes renfermant 8,000 éléments, de sorte qu'il restait encore 400 circuits sur lesquels on pouvait expérimenter le remplacement de 12,000 éléments qui coûtaient 1,204 liv. 8, soit environ 30,375 francs par an.

L'Administration anglaise était opposée à l'emploi d'une seule machine pour 400 fils, à cause des conséquences d'un arrêt accidentel ou forcé, et M. Preece estimait qu'il eût fallu, en cas d'adoption des machines, avoir recours, pour plus de sécurité, à onze petites machines, dont une de rechange, chaque machine desservant seulement 40 fils.

L'économie annuelle, dans ce cas, pouvait être évaluée à 737 livres ou 17,575 francs, c'est-à-dire à environ 57 p. 100, mais cette raison ne lui paraissait pas suffisante pour compenser les inconvénients qu'on avait trouvés dans l'emploi des machines en 1871 et 1872 et qui étaient surtout :

1° De ne pas se prêter facilement à toutes les combinaisons désirables ;

2° D'exiger une surveillance constante, tandis que les piles ne demandaient que peu d'attention ;

3° D'être bruyantes et de causer des trépidations dans les locaux ;

4° D'avoir une marche irrégulière et incertaine et de donner des courants variables en raison des variations de vitesse de la machine à vapeur, etc.; de ne pas convenir, par conséquent, pour les appareils rapides.

Ces objections n'étaient peut-être plus très fondées dix ans après ; mais M. Preece, qui était, comme on sait, très partisan des accumulateurs, les fit néanmoins préférer aux machines dans les essais entrepris en vue de remplacer une partie des piles.

Les premières expériences furent effectuées avec une batterie de 8 accumulateurs Faure-Sellon-Volckmar (du type dit alors *demi-cheval*) sur un groupe de 30 fils. Cette batterie aurait fonctionné pendant sept semaines sans le moindre accroc et presque sans surveillance. Une autre batterie, formée de 8 accumulateurs Tribe et affectée à 30 autres circuits, aurait de même fonctionné régulièrement pendant 52 jours. Les éléments épuisés furent alors rechargés, puis rétablis de nouveau sur les mêmes circuits qu'ils desservirent pendant 58 jours; rechargés encore une fois, ils fournirent une nouvelle période de sept semaines. Dans une expérience ultérieure, 20 accumulateurs Faure-Sellon-Volckmar seraient restés en service pendant 92 jours sur un groupe de 15 lignes, et l'on aurait constaté qu'ils avaient fourni pendant ce temps environ 552 ampères-heure, soit un courant moyen de 0,6 ampère à raison de 10 heures de travail par jour.

Depuis cette époque, les *essais* ont continué dans diverses conditions, et, en 1887, il y avait ainsi au Poste central des télégraphes anglais deux groupes de 60 lignes et un autre de 50, soit en tout 170 lignes desservies par des accumulateurs qu'on rechargeait à peu près une fois par mois avec les dynamos servant à l'éclairage. On y fit même usage pendant quelques semaines de la même année, pour desservir à la fois 120 circuits, d'une batterie de 18 accumulateurs ne remplaçant pas moins de 360 éléments au bichromate; le fonctionnement était satisfaisant, mais cet essai n'eut pas de suite, à ce moment du moins, à cause du peu de sécurité que l'Administration voyait dans l'emploi d'une batterie unique pour un nombre aussi considérable de circuits.

D'après les données recueillies pendant ces quatre années, l'emploi des accumulateurs ne paraît pas devoir être plus économique que celui des piles, mais il permettrait de réduire considérablement les locaux affectés à ce service, tout en donnant des courants constants et en laissant la faculté de se servir d'une force électromotrice quelconque.

Il est à noter cependant que l'Administration anglaise, malgré une expérience aussi longue, ne s'est pas encore prononcée (du moins à ma connaissance) pour la substitution des piles secondaires à celles de ses piles primaires qui pourraient être remplacées. Sa confiance dans les accumulateurs ne serait donc pas entière, ou bien les avantages ne lui paraîtraient pas très évidents.

Un essai assez timide a été tenté au Poste central de Paris au commencement de l'année courante, au moyen d'accumulateurs Philippart; les résultats n'ont pas été encourageants. Ces appareils *ont très bien fonctionné*, mais ils ne conservaient pas leur charge plus de trois semaines, et les plaques positives ont été trouvées complètement désagrégées au bout de deux mois de service. Peut-être ces inconvénients doivent-ils être attribués à ce que les récipients étaient en ébonite, au lieu d'être en verre (comme au Télégraph central Office) et à ce que les éléments ont pu être soumis à des charges trop rapides ou poussées trop loin.

Des pourparlers ont été engagés avec d'autres fournisseurs; mais ceux-ci n'ont montré aucun empressement à tenter l'expérience.

Il semble donc que les mérites des accumulateurs sont toujours trop discutés et qu'il règne encore trop d'incertitude sur leur rendement, sur leur entretien, sur la sécurité qu'ils présentent, sur la durée de la conservation de la charge, etc., pour qu'on puisse tenter dès maintenant de les substituer aux piles. D'autre part, ce n'est que par des essais de *très longue durée*, faits dans des conditions diverses et portant sur des types différents, qu'on pourra être complètement éclairé à cet égard; mais on ne peut guère opérer de la sorte qu'avec des appareils qui seraient la propriété de l'Administration et sur lesquels les fournisseurs n'auraient plus aucun droit.

On a songé aussi à combiner des accumulateurs et des dynamos d'une manière permanente, afin d'obtenir des courants constants et de parer à tout arrêt accidentel des machines; il se pourrait que cette méthode donnât des résultats satisfaisants; on peut craindre toutefois qu'il n'en soit rien, car on sait qu'il y a grand intérêt à ne pas dépasser, dans la charge des accumulateurs, le point maximum, à partir duquel l'énergie électrique est dépensée en pure perte pour électrolyser le liquide et tend à produire la désagrégation rapide des plaques.

En résumé, la question du remplacement des piles par des machines ou des accumulateurs, de préférence par les premières, n'offre réellement d'intérêt, dans l'état actuel, que pour les grands bureaux disposant ou appelés à disposer de force motrice *de jour et de nuit*, et dans lesquels les installations de piles à plusieurs directions n'existeraient pas encore, ou bien occuperaient des locaux devenus nécessaires pour l'extension d'autres services.

Le seul avantage tout à fait évident consiste en effet dans le chiffre moins élevé des frais d'établissement et dans la superficie beaucoup moindre des emplacements occupés. Quant à l'économie réalisable sur les frais d'entretien, elle serait minime et, pour ainsi dire, négligeable, comparativement à l'ensemble des dépenses afférentes à l'entretien des piles de tout le réseau; elle ne paraît donc devoir être prise en considération que d'une manière tout à fait accessoire.

Les conditions seraient sans doute tout autres, s'il existait dans les villes des usines centrales pour la distribution de l'électricité, offrant toute la *sécurité* indispensable dans une exploitation télégraphique et *pouvant utiliser la terre pour compléter* leurs circuits; mais ces usines sont encore excessivement rares et, d'autre part, la législation actuelle (décret du 15 mai 1888, art. 5) leur interdit toute communication de leurs circuits avec la terre.

Ce n'est, par suite, que dans l'avenir que la question pourra être examinée utilement à ce dernier point de vue.

Conférence technique.   14

NOTE

SUR UN MODE D'EXPLOITATION DES LIGNES SOUTERRAINES,
par M. Baudot, inspecteur-ingénieur.

Les principales difficultés qui s'opposent à la réception régulière des signaux télégraphiques sur les longues lignes souterraines sont les suivantes :

§ 1. Comme sur les câbles sous-marins, ou plus généralement sur les longues lignes ayant une grande capacité, le flux électrique provoqué à une extrémité ne se propage que lentement et ne se manifeste à l'autre extrémité qu'après un temps assez long dépendant de la résistance et de la capacité du conducteur. On conçoit, en effet, que l'organe récepteur ne fonctionnera que lorsqu'une variation suffisante du potentiel sera provoquée dans la partie du conducteur avoisinant le poste d'arrivée, et cette variation ne pourra être produite qu'après que tous les points de ce conducteur auront subi une variation d'autant plus considérable qu'ils sont plus rapprochés du poste de départ. Dans un autre ordre d'idées, on peut dire que l'appareil récepteur ne sera actionné que lorsque la source électrique agissant au poste de départ aura pu fournir un débit suffisant pour effectuer la charge du conducteur jusqu'aux points avoisinant le poste d'arrivée.

Il en résulte que, suivant l'état de charge plus ou moins complet dans lequel se trouve la ligne lorsqu'une émission de courant est faite au poste de départ, il s'écoule un temps plus ou moins court avant que soit actionné l'organe récepteur au poste d'arrivée, ce qui a pour conséquence de produire une déformation des signaux, laquelle est d'autant plus caractérisée et préjudiciable que ceux-ci sont plus brefs et plus rapprochés les uns des autres. En effet, cette déformation provenant des variations qui se produisent dans le *moment* où s'effectuent les déplacements de l'organe mobile récepteur, se traduit par des altérations dans la durée et l'espacement des signaux.

§ 2. Les nombreux conducteurs appartenant à la même ligne souterraine sont assez rapprochés les uns des autres pour qu'une émission de courant effectuée sur l'un d'entre eux se fasse sentir par induction sur tous les autres.

Dans tous les essais que j'ai faits sur des lignes un peu longues, j'ai pu constater que le mouvement électrique agissant sur un appareil récepteur

relié à l'un des fils de la conduite souterraine et provenant par induction
d'une émission effectuée dans la station même sur un fil voisin, était comparable en intensité, sinon en durée, au mouvement électrique qui aurait
pu être produit directement par un courant provenant du poste correspondant.

Les perturbations provenant de cette induction mutuelle entre les fils de
la même ligne sont difficiles à éviter et constituent, à mon avis, la
plus grave des difficultés que rencontre l'exploitation des lignes souterraines.

§ 3. Les courants naturels (telluriques ou atmosphériques) dont le sens
et l'intensité varient continuellement contribuent également à déformer les
signaux télégraphiques.

La forme des courants naturels que j'ai eu l'occasion d'étudier dans des
expériences effectuées sur la ligne Paris-Bordeaux en 1888, est la forme
vibratoire. Un relais rapide et assez sensible, placé dans le circuit de la
section Poitiers-Angoulême, a accusé des courants de sens différents circu-
lant alternativement à raison de plus de cent par seconde. L'effet produit
sur le relais était semblable à celui qui aurait pu être obtenu en influen-
çant le conducteur par le circuit d'une dynamo à courants alternatifs. Pour
reproduire artificiellement le même phénomène avec le même réglage du
relais, j'ai dû faire usage d'une source électrique me fournissant une force
électromotrice de 10 volts environ. Les courants des deux sens n'étaient
pas égaux en intensité, et leur inégalité se traduisait par l'*apparence* d'un
courant continu allant du nord au sud, avec une différence de potentiel d'un
volt environ entre deux points du conducteur éloignés de 150 kilomètres.

Dans le cas où les courants utilisés pour le service des transmissions ont
une durée bien supérieure à celle des éléments du courant vibratoire naturel, celui-ci peut ne pas trop altérer les premiers; mais il peut gêner le
service : 1° en compromettant la sûreté des contacts lorsqu'on fait usage
de relais; 2° en favorisant ou en entravant l'effet produit par les courants
de signaux suivant le sens du courant continu apparent provenant de l'inégalité des éléments du courant vibratoire naturel.

Il importe toutefois de dire que les entraves apportées au service des
transmissions par les courants naturels ont une importance bien moindre
que celles qui proviennent des causes énumérées ci-dessus, dans le paragraphe 1 d'abord et ensuite et surtout dans le paragraphe 2.

L'emploi de récepteurs dits à *zéro mobile* permet de remédier dans une
certaine mesure à la première cause perturbatrice. Le *galvanomètre à miroir*,
ainsi que le *syphon-recorder* de Thomson, et les divers systèmes dits *ondu-
lateurs*, appartiennent à cette classe d'appareils; il en est de même des relais à *jockey* de Varley et d'Allan et Brown.

14.

Dans le même ordre d'idées, j'ai moi-même imaginé diverses solutions u problème qui m'ont donné d'assez bons résultats.

On a également cherché à résoudre le problème en agissant, non plus au poste d'arrivée sur l'appareil récepteur, mais au poste de départ sur l'appareil transmetteur. Ce procédé consiste à faire usage de courants compensateurs et de décharges convenables. On a expérimenté un grand nombre de systèmes de ce genre et l'on en expérimente encore actuellement.

Évidemment tous ces moyens ne peuvent qu'améliorer la réception des signaux, mais la cause principale d'altération, indiquée au paragraphe 2, existant toujours, s'oppose à l'obtention de résultats absolument satisfaisants.

Le seul moyen efficace de se mettre à l'abri de l'influence des transmissions effectuées sur les conducteurs voisins consiste à faire usage d'un fil de retour. Ce procédé a l'avantage de remédier également à l'action des courants naturels, mais il faut bien reconnaître qu'il serait difficile de le généraliser dans le service courant.

Un second moyen, moins efficace il est vrai, peut être employé pour atténuer l'effet perturbateur provenant des transmissions voisines. Il consiste à intercaler entre le récepteur et la terre, comme je l'ai fait dès 1884, une résistance qui a pour effet de réduire beaucoup l'intensité des courants d'influence sans réduire dans la même proportion l'intensité des courants utiles venant du poste correspondant. Malheureusement ce dispositif n'a jamais pu faire disparaître entièrement les influences gênantes et assurer la régularité parfaite des signaux reçus.

On peut en dire autant de l'emploi, comme récepteurs, d'appareils ayant un coefficient élevé de *self-induction*.

Le seul procédé qui m'ait donné de bons résultats et qui puisse être actuellement considéré comme une solution satisfaisante de ce problème difficile, consiste à faire usage d'un *courant de repos* remplissant, sans solution de continuité, tous les intervalles séparant les courants de signaux. Ce procédé, employé déjà par Wheatstone dans son appareil Morse à transmission automatique, m'a également bien servi dans mon appareil imprimeur à transmissions multiples desservant des lignes aériennes.

Pour expliquer son mode d'action, il importe d'analyser le fonctionnement d'un électro-aimant récepteur, lorsqu'il est actionné par un courant parvenu à l'extrémité d'une ligne un peu longue.

Ce courant n'atteint pas brusquement son intensité maximum; nulle d'abord, cette intensité croît progressivement, d'abord rapidement, puis plus lentement, pour atteindre enfin sa valeur définitive.

Dans la première partie de cette période variable, une variation assez considérable d'intensité correspond à un *temps* assez court; dans la seconde partie, au contraire, une faible variation d'intensité correspond à un *temps* assez long.

Il résulte de cette observation que, si l'appareil récepteur est suffisamment sensible et rapide pour fonctionner dans la première partie, le moment où il fonctionnera sera peu modifié par une variation accidentelle d'intensité du courant reçu, tandis que, s'il est peu sensible, il fonctionnera seulement dans la seconde partie, et, dans ces conditions, le moment de son fonctionnement sera considérablement modifié par toute variation accidentelle dans l'intensité du courant reçu.

Les variations perturbatrices dans l'intensité du courant reçu, sont donc d'autant moins préjudiciables que l'appareil récepteur est susceptible de fonctionner avec des courants faibles, parce qu'alors il fonctionne dans la première partie de la période variable. En d'autres termes, et si l'accroissement d'intensité d'un courant parvenant au poste d'arrivée est figuré par une courbe, comme on le fait habituellement, on peut dire qu'il y a intérêt à ce que cette courbe soit le plus redressée possible dans la partie où elle atteint la ligne correspondant à la sensibilité de l'appareil récepteur.

Or le redressement de cette courbe peut être obtenu : 1° en augmentant la force de la pile de transmission, puisque dans le même temps on passera de zéro à une intensité plus grande: 2° en faisant usage d'un courant de repos, puisque la variation ayant la même durée, on passera dans le même temps d'une intensité négative, par exemple, à une intensité positive égale. L'emploi de courants de haute tension, présentant certains inconvénients, ne peut être employé utilement; mais le second moyen peut être employé avantageusement.

J'ajoute que l'emploi d'un courant de repos permet de commander un électro-aimant polarisé dans des conditions de facilité, de précision et de sécurité extrêmement avantageuses dans la pratique du service.

Le redressement de la courbe dont il vient d'être parlé est obtenu naturellement lorsqu'on fait usage de lignes de faible longueur; aussi l'exploitation des lignes de cette sorte ne présente-t-elle aucune difficulté.

L'expérience démontre, en effet, que le service effectué au moyen de l'appareil Hughes sur les fils souterrains de 200 kilomètres environ ne laisse pas beaucoup à désirer.

Sur les lignes plus longues (300 à 400 kilomètres), l'incertitude dans le moment où fonctionne l'armature de l'électro-aimant récepteur, est déjà assez grande pour que l'organe correcteur de l'appareil soit astreint à un travail considérable. Depuis que le hughes est en service sur les fils souterrains, l'usure exagérée des organes correcteurs de cet appareil a été constatée dans tous les bureaux et elle témoigne du travail anormal qui leur est imposé.

Néanmoins le service de ces lignes est assez régulier, et, pour qu'il devienne impossible, il faut que des courants telluriques plus intenses et irréguliers qu'à l'ordinaire viennent apporter un surcroît de trouble dans les transmissions, ou encore que les appareils fatigués ou mal réglés se prêtent mal aux corrections exagérées qui sont exigées d'eux.

Au delà de 4oo à 45o kilomètres, toutes les causes perturbatrices dont il a été parlé ci-dessus agissent pour s'opposer au fonctionnement régulier et sûr de l'appareil Hughes. On a cherché à tourner la difficulté en fractionnant les lignes longues en sections de 3oo à 35o kilomètres, reliées ensemble au moyen de relais translateurs.

C'est ainsi que sont exploitées actuellement nos grandes lignes souterraines au moyen de l'appareil Hughes; mais, il faut bien le dire, les résultats donnés par cette exploitation ne sont pas absolument satisfaisants. Nous allons, du reste, voir dans un instant qu'il ne peut en être autrement dans les conditions où elle est faite.

La ligne de Paris-Bordeaux, que nous prendrons comme exemple, a 6a5 kilomètres de longueur. Elle est coupée en deux sections inégales ayant respectivement 28o et 345 kilomètres, réunies par une translation établie dans le bureau de Tours.

Dans ces conditions et en admettant un fonctionnement normal de la translation, nous savons, par ce qui a été dit plus haut, qu'il existe une incertitude dans le moment où l'armature de l'appareil de Bordeaux se soulèvera sous l'influence du signal émis par Paris et que cette incertitude définitive sera la somme algébrique des deux incertitudes résultant de la propagation du signal à travers les deux sections. L'altération de ce signal, au point de vue du *moment* où il apparaîtra au poste d'arrivée, devrait donc au plus être deux fois plus grande que celle qui résulterait de sa propagation à travers une seule section de la ligne, si les deux sections Paris-Tours et Tours-Bordeaux étaient semblables.

Elle ne serait pas plus considérable en somme que celle qui pourrait résulter de la propagation du signal à travers une seule section de 4oo à 45o kilomètres de longueur.

L'exploitation de la ligne souterraine de Paris à Bordeaux avec une translation à Tours devrait donc se faire sensiblement dans les mêmes conditions que celles de la ligne directe Paris-Nancy, par exemple.

L'expérience de chaque jour démontre qu'il n'en est pas ainsi et semble prouver que l'intercalation du relais de Tours sur la ligne de Paris-Bordeaux apporte un nouvel élément de perturbation très préjudiciable au travail régulier des transmissions.

Les postes extrêmes se plaignent souvent du réglage des relais du poste intermédiaire, et ils ont raison; mais il n'est pas certain qu'il soit toujours facile, j'allais dire possible, d'obtenir de ces relais un fonctionnement irréprochable. J'ai, pour ma part, la conviction qu'on leur demande plus qu'ils

ne peuvent donner. La question vaut qu'on s'y arrête et qu'on l'examine
avec attention.

On sait que le système de translation installé dans les postes de relais
permet aux deux postes extrêmes de transmettre à tour de rôle sans que
le poste intermédiaire ait à intervenir en aucune façon lors de chaque changement dans le sens de la transmission.

Ce résultat est obtenu à la condition (voir ci-dessous le diagramme théorique d'une translation) que la ligne de Paris, par exemple, soit reliée au

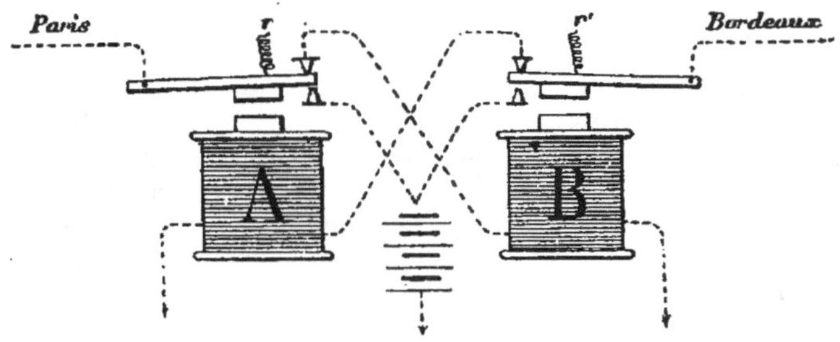

Fig. 14.

relais B par l'intermédiaire de l'armature du relais A et du butoir de repos
de cette armature; de même, la ligne de Bordeaux doit être reliée au relais A par l'intermédiaire de l'armature du relais B et du butoir de repos
de celle-ci.

On sait aussi que, dans une translation normale, chaque armature de
relais est sollicitée naturellement à prendre un point d'appui sur son butoir
de repos, soit sous l'action d'un ressort, soit par suite de la position dissy-
métrique qu'elle occupe dans un champ magnétique permanent et qui lui
est donnée par le réglage. Quel que soit le système adopté, cette force
désignée sous le nom de *force antagoniste*, doit être vaincue par l'action du
courant arrivant du poste de départ. Dès que cette action cesse, l'armature
revient d'elle-même au contact de son butoir de repos.

J'ai dit ci-dessus que l'induction des transmissions voisines était assez
puissante pour produire des effets comparables à ceux des courants de signaux transmis par le poste correspondant. Cette induction aura donc pour
effet, dans le cas présent, de détacher de son butoir de repos l'armature du
relais influencé et de la projeter vers son butoir de travail. Cet inconvénient
est évité très simplement en augmentant l'appui naturel de l'armature
contre son butoir de repos; le ressort, dans le diagramme ci-dessus, permet
d'obtenir ce résultat. L'armature reste alors immobile, mais cela ne veut pas
dire que l'influence persistante des transmissions voisines soit sans action

sur elle; seulement cette action n'est plus visible à l'œil et ne se manifeste que par des variations dans la *pression* de l'armature contre son butoir de repos. Il peut même arriver que, par instants, cette pression soit nulle et que le contact entre les deux pièces soit douteux, sans que l'œil en soit averti. On peut bien, comme nous venons de le dire, assurer cette pression en renforçant la force antagoniste agissant sur l'armature; mais il ne faut pas oublier que celle-ci doit toujours pouvoir obéir à l'action du courant assez faible venant, à travers la ligne, du poste correspondant, et que ce résultat ne peut être obtenu qu'à la condition de ne pas exagérer cette force antagoniste.

Ainsi, d'un côté, il faut que la force antagoniste de l'armature soit assez petite pour que celle-ci puisse obéir fidèlement à l'attraction déterminée par le passage du courant venant du correspondant; d'un autre côté, il faut que, malgré les attractions produites sur l'armature par l'induction des transmissions voisines, la pression de cette armature sur son butoir de repos soit suffisante pour assurer absolument la communication de ligne. Si cette dernière condition n'est pas remplie, l'appui est tremblé, le contact vibrant, et la communication imparfaite qui en résulte a pour effet de rendre très délicat et précaire le réglage du relais recevant son courant de ligne à travers ce contact défectueux, et de déterminer dans le poste extrême un courant de retour anormal.

Le fait que cet inconvénient puisse être évité en favorisant par le réglage la tendance de l'armature à rester au repos explique pourquoi il arrive fréquemment que telle installation de translation parfaitement réglée pour la transmission dans un sens ne peut fonctionner pour la transmission dans l'autre sens.

Si maintenant nous rappelons que l'incertitude dans le moment du fonctionnement d'une armature d'électro-aimant est d'autant plus grande que ce fonctionnement exige une intensité de courant plus grande, c'est-à-dire que cet électro-aimant est moins sensible, nous connaîtrons les principales causes des difficultés éprouvées par les postes intermédiaires pour régler les relais des lignes souterraines à la satisfaction des postes extrêmes.

On voit que, si les relais donnent des résultats peu satisfaisants dans l'exploitation des lignes souterraines, ces résultats tiennent moins à l'emploi des relais qu'à la façon dont on les utilise. Ce n'est pas parce qu'il y a des relais sur ces lignes que celles-ci vont mal; c'est plutôt parce qu'il y en a trop peu, le sectionnement qui produit le redressement de la courbe d'intensité n'étant pas poussé assez loin.

Et qu'on ne craigne pas d'augmenter les difficultés de l'exploitation en multipliant les postes de relais; ceux-ci ne seront jamais une source de difficultés, à la condition qu'il ne sera jamais exigé d'eux ni réglage délicat, ni entretien méticuleux, ni surveillance de tous les instants.

Or il en sera ainsi :

1° Si les lignes ou sections de lignes desservies sont courtes;

2° Si, en employant un relais polarisé pouvant être réglé et nettoyé facilement et sûrement, on fait usage d'un «courant de repos» de sens contraire aux courants de signaux;

3° Si chaque fil de ligne souterraine est exclusivement affecté à la transmission dans un sens déterminé;

4° Si, sur chacune des sections de ligne, le sens des courants *de repos* et *de travail* est inverse de celui qui est utilisé, dans le même but, sur les sections voisines.

Tout en permettant de faire usage de piles relativement faibles, la première condition a pour effet de redresser la courbe d'intensité des courants à l'arrivée.

La seconde a pour effet de rendre possible le réglage du récepteur au maximum de sensibilité, ce qui lui permettra de fonctionner à un moment correspondant à la partie la plus redressée de cette courbe d'intensité. L'incertitude du moment où se déplacera l'armature du relais récepteur, est ainsi réduite à son minimum.

Quand elle peut être réalisée, la troisième condition simplifie beaucoup l'installation d'un poste translateur; mais elle ne peut l'être que dans le cas où l'on dispose de deux conducteurs pour desservir les postes correspondants, l'un d'eux étant affecté exclusivement à la transmission et l'autre à la réception.

La quatrième condition a pour but de réduire autant que possible l'altération des signaux résultant des courants naturels, qui à un instant donné parcourent les diverses sections de la ligne dans la même direction. Elle présente en outre l'avantage de réduire sensiblement l'influence perturbatrice exercée par la transmission sur les conducteurs voisins.

Me basant sur les considérations qui précèdent, j'ai cru pouvoir proposer à l'Administration de desservir dans ces conditions la ligne souterraine Paris-Bordeaux au moyen d'appareils à transmission double de mon système. Des relais ont été installés à Orléans, Tours, Poitiers et Angoulême, coupant ainsi la ligne en cinq sections de 120 kilomètres environ. Le fil 010 est exclusivement employé à la transmission de Paris vers Bordeaux, et le fil 011, à la transmission de Bordeaux vers Paris.

Dans les essais préliminaires qui ont été faits et qui, du reste, ont parfaitement réussi, j'ai pu constater que le temps écoulé entre l'émission d'un courant à l'extrémité de l'une des sections de ligne, et sa réception à l'autre extrémité est de $0''012$ environ. Le temps employé à la propagation d'un signal entre Paris et Bordeaux est, par conséquent, de $0''06$ environ.

L'expérimentation régulière du système se fait actuellement, et j'ai tout lieu d'espérer que les résultats seront satisfaisants.

Il ne paraît pas qu'on doive se heurter à des difficultés techniques imprévues; mais je ne me dissimule pas que le fonctionnement régulier du système dépendra en grande partie du soin avec lequel seront entretenues et réglées, dans les postes intermédiaires, les installations de relais que j'ai du reste réalisées de façon à réduire au minimum les difficultés de réglage et d'entretien.

L'expérience seule pourra faire connaître s'il y a lieu, pour l'Administration, de prendre des mesures spéciales applicables aux postes de relais. Il s'agit d'utiliser d'une façon avantageuse des conducteurs excellents dont les frais d'établissement ont été considérables et qui jusqu'ici sont restés à peu près improductifs. Il s'agit en même temps d'assurer la sécurité d'un service des transmissions qui occupe un personnel de 10 à 12 agents tant à Paris qu'à Bordeaux.

L'importance du résultat mérite qu'on fasse quelque chose pour l'obtenir.

NOTE

SUR LA MÉTHODE ET LES APPAREILS DE COMPENSATION ET DE DÉCHARGE
AUTOMATIQUES POUR AMÉLIORER LE TRAVAIL SUR LES LIGNES TÉLÉ-
GRAPHIQUES DONT LA CAPACITÉ ÉLECTRO-STATIQUE N'EST PAS NÉGLI-
GEABLE (LIGNES SOUTERRAINES ET SOUS-MARINES, LONGUES LIGNES
AÉRIENNES),

par M. GODFROY, contrôleur.

Les causes diverses qui entravent la régularité ou la rapidité des transmissions sur certains circuits télégraphiques sont bien connues, et si on
laisse de côté celles qui proviennent des dérangements accidentels dans l'é-
tat des lignes, des installations et des appareils, les principales sont, d'une
façon générale : la capacité électro-statique des conducteurs et l'inertie,
non seulement mécanique, mais surtout électro-magnétique (*self-induction*)
des appareils récepteurs. Il n'est pas question, dans cette note, des courants
telluriques ni des courants d'induction mutuelle, qui sont d'autres causes
importantes, mais d'un ordre particulier.

On connaît aujourd'hui des moyens très efficaces de combattre l'inertie
des organes électro-magnétiques des récepteurs[1], mais le champ reste encore
vaste pour la recherche des moyens les plus propres à combattre les effets
nuisibles de la capacité des lignes. Bien des procédés ont cependant été
imaginés depuis longtemps[2] dans ce but : manipulateurs et relais de
décharge, manipulateurs à courants compensés, fractionnement des lignes
en sections de longueur restreinte, quand c'est possible, avec emploi de
translateurs aux points intermédiaires, transmission à double courant,
transmission à courants intermittents, compensés, etc., récepteurs ou relais
à zéro mobile, etc.

La transmission à deux courants, dont un de travail et l'autre de repos,
avec le fractionnement des lignes en sections de longueur restreinte, four-
nirait peut-être une des meilleures solutions, si ce n'est la meilleure; mais

---

[1] A citer surtout l'utilisation, d'après la méthode du Post-Office, de condensateurs avec armatures réunies par une dérivation (Communication de M. Preece
à l'Association britannique, 5 septembre 1887.)

[2] C'est en 1854 que Varley eut l'idée d'envoyer un courant de décharge.

ce mode de travail, en très grande faveur en Angleterre, n'est usité en France qu'avec les appareils Baudot, dont l'emploi est limité à certains cas spéciaux; il est aussi rarement appliqué dans la plupart des autres contrées, de sorte que les systèmes de transmission les plus répandus sont ceux dans lesquels les émissions sont séparées par des intervalles, durant lesquels la ligne cesse d'être en communication avec la source électrique, pour se trouver reliée (le plus souvent) à l'appareil récepteur du poste même de départ.

Avec ces systèmes, il peut devenir indispensable de faciliter la décharge de la ligne, non seulement pour éviter la confusion des signaux à l'arrivée, mais encore pour protéger les appareils récepteurs contre l'action des courants de retour; c'est surtout indispensable dans les postes de translation pour assurer le fonctionnement des relais qui, sans cette précaution, fonctionneraient en *trembleurs* et rendraient toute correspondance impossible entre les postes extrêmes[1]. En outre, la formation des signaux entraîne presque toujours des inégalités dans les durées d'émission ou d'interruption et, par suite, dans les charges successives communiquées aux conducteurs, si l'on n'a pas recours à des procédés de compensation pour limiter la charge à un potentiel déterminé et faire en sorte que la décharge s'opère toujours dans des conditions peu différentes après des émissions de durées inégales.

C'est pour répondre à ces besoins qu'on a imaginé tant de modèles de manipulateurs ou relais, plus ou moins compliqués, en vue d'obtenir, soit une certaine *compensation* des émissions inégales, soit une *décharge* rapide des conducteurs, soit les deux à la fois.

Ces instruments, dont quelques-uns sont des plus ingénieux, ont malheureusement le désavantage de comporter, tantôt au point de vue électrique, tantôt au point de vue mécanique, des organes spéciaux susceptibles de se détériorer, nécessitant des vérifications nombreuses et des réglages parfois délicats, qui font que, s'ils conviennent pour une application restreinte et dans le cas particulier où il est possible de les confier à des mains tout à fait expérimentées, ils ne peuvent plus rendre les mêmes services quand leur manœuvre et leur réglage sont laissés aux soins des agents manipulants ordinaires. Dans cette circonstance, leur emploi n'a souvent

---

[1] On peut éviter cet inconvénient en faisant usage de relais polarisés et en envoyant des courants opposés dans les deux directions, mais, même dans ce cas, les courants de retour, quoique n'actionnant pas l'armature du relais, ont souvent pour effet de modifier sa sensibilité et d'en rendre le réglage très délicat. C'est un procédé inapplicable d'ailleurs, quand on est tenu de n'employer qu'un seul sens du courant, comme sur nos lignes souterraines où l'on se sert exclusivement du courant positif.

d'autre résultat que de déplacer la cause des difficultés en donnant lieu à des dérangements locaux plus ou moins fréquents.

Il y a lieu de remarquer aussi qu'ils entraînent la création de types spéciaux parmi des appareils d'une même catégorie et que la forme et la disposition des organes de compensation ou de décharge varient en outre avec les catégories ou systèmes divers de transmission actuellement en usage; c'est un inconvénient à considérer dans une exploitation aussi étendue que celle d'une grande administration où, sans négliger le perfectionnement incessant du matériel, il y a grand intérêt à en rechercher l'unification et la simplicité.

C'est parce que j'ai pu constater trop souvent, depuis sept ou huit ans, sur les grandes lignes souterraines du réseau français, les irrégularités de fonctionnement, sinon l'inefficacité des nombreux systèmes expérimentés, que j'ai cherché *un moyen plus simple, sans réglage, d'une efficacité indépendante de la valeur professionnelle des agents et pouvant s'adapter indifféremment et sans modification de forme à tous les modes de transmission, dans les postes extrêmes comme dans les postes intermédiaires, quel que soit le système d'appareil en usage.*

Les travaux publiés dans ces dernières années par plusieurs savants pour faire connaître, commenter ou poursuivre les travaux de Maxwel sur la comparaison des phénomènes dus à la *self-induction* avec ceux qui résultent de la capacité électro-statique, m'ont mis sur la voie d'une solution très simple, maintenant appliquée sur plusieurs grandes lignes avec un succès qui dépasse mes premières espérances.

Cette solution a fait l'objet d'une communication que M. Cornu a bien

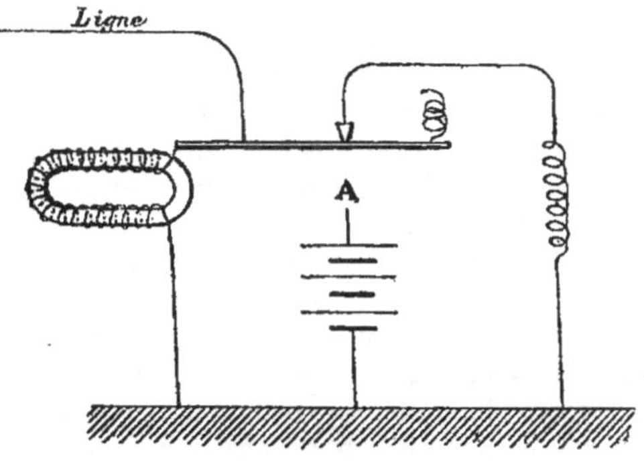

Fig. 15.

voulu présenter à l'Académie, dans sa séance du 12 novembre 1888; elle consiste à établir à chaque extrémité de la ligne, ou de chaque section de ligne en cas de relais, comme l'indique la figure 15, une dérivation à la terre[1] présentant une résistance *relativement* faible, par rapport à celle du circuit, mais possédant un *coefficient de self-induction* assez considérable pour que les effets nuisibles résultant de la capacité électro-statique du conducteur se trouvent, sinon compensés, du moins atténués dans une grande proportion par les actions inverses que tend à produire la *self-induction* de la dérivation. C'est *principalement au poste transmetteur* que la dérivation exerce un rôle utile pour empêcher la diffusion des courants, mais son action au poste d'arrivée intervient également dans le même sens pour empêcher la confusion des signaux reçus.

Il est facile de se rendre compte des effets produits. Envisageons d'abord ce qui se passe au poste transmetteur.

Qnand celui-ci abaisse son manipulateur, la force électromotrice d'induction qui prend naissance dans la dérivation s'oppose à ce que le courant atteigne immédiatement son intensité finale dans cette partie du circuit; c'est, au premier moment, comme si la résistance de la dérivation était très élevée, de sorte que la charge de la ligne (pour une émission suffisamment courte ou bien *au début* d'une émission plus longue) atteint une certaine valeur presque aussi vite que si la dérivation n'existait pas. Si l'émission se prolonge, la force électromotrice d'induction diminue de plus en plus jusqu'au moment où elle disparaît; pendant ce temps la dérivation se comporte comme si elle était formée par une résistance graduellement décroissante jusqu'à sa valeur réelle; le résultat, au point de vue de la prolongation de l'émission sur la ligne, est le même que si la pile était *shuntée* par une dérivation de plus en plus faible pour arriver à ne plus représenter que $n - \dfrac{np}{p+r}$ éléments, n étant le nombre d'éléments, p la résistance intérieure de la pile et r celle de la dérivation. Il s'ensuit que, si toutes les conditions sont bien calculées, l'émission d'un *trait* peut ne pas charger la ligne plus que celle d'un *point*, et qu'on obtient de cette manière la *compensation* cherchée entre les courants de durées inégales.

Les conditions de la décharge deviennent donc ainsi à peu près les mêmes après chaque émission. A ce moment, la dérivation électro-magnétique ne se comporte pas seulement comme une simple résistance qui empêcherait la ligne d'être isolée pendant le passage de la position de contact à celle de repos, ni même comme une mise à la terre, mais bien comme une sorte de résistance négative, car, en vertu de la nouvelle force électromotrice d'induction, inverse de la première dont elle devient le siège, elle agit en réalité comme le ferait une pile de nom contraire à celle qui a servi pour la transmission du signal, ce qui constitue le meilleur mode de *décharge*.

---

[1] Ou avec le fil de retour dans le cas d'un circuit bouclé.

Tout paraît se passer en somme comme si l'on avait en présence deux charges inverses s'annulant réciproquement.

La deuxième partie du but proposé se trouve donc atteinte tout aussi bien que la première. Les signaux arrivent ainsi plus nettement espacés au poste correspondant, et l'appareil même du poste de départ se trouve protégé contre les effets du courant de décharge ou courant de retour; en outre, les contacts du manipulateur, ou transmetteur, ou relais translateur, ne sont plus salis ni détériorés par les étincelles.

Les effets produits par la dérivation placée au poste d'arrivée s'ajoutent aux précédents pour faire disparaître les *queues de courant* et aussi pour *diminuer l'inertie électro-magnétique de l'appareil récepteur,* toutes choses des plus efficaces pour assurer un bon fonctionnement et améliorer le rendement du circuit[1].

Une conséquence de cette méthode est de diminuer un peu l'intensité du courant dans le récepteur, mais on sait qu'avec les appareils électro-magnétiques un accroissement déterminé d'intensité produit d'autant plus d'effet que le courant est moins intense. Ce n'est pas la variation absolue, mais la variation relative qui est à considérer.

Les dérivations peuvent être établies aux tableaux commutateurs d'arrivée des fils; elles font, de la sorte, pour ainsi dire partie de la ligne, et l'on conçoit dès lors que cette légère modification dans l'arrangement des circuits puisse s'appliquer indistinctement à tous les systèmes de télégraphie,

---

[1] Lorsqu'on dispose d'appareils récepteurs très sensibles, la méthode exposée ci-dessus se combine très bien avec le procédé des condensateurs shuntés en usage au Post-Office.

Installés complètement (15 juillet 1889) :

0101 Paris–Douai : Morse.
0103 Paris–Maubeuge (relais supprimé) : Morse.
0109 Paris–Mézières (relais supprimé) : Morse.
0112 Paris–Bar-le-Duc (relais supprimé) : Morse.
0114 Paris–Dijon (relais supprimé) : Morse.
R³/S² Paris commercial–Havre commercial (Cⁱᵉ) : Morse.
0135 Paris–Angoulême (au poste intermédiaire et aux deux extrémités) : Hughes.
03 Nancy : Hughes (ce dernier à titre d'essai).

Installations partielles :

A Paris, sur les fils 06 Lyon et 015 Marseille, ainsi que sur les deux sections du fil 02 Lille–Le Havre, en relais à Paris.
A Lyon, sur le relais du fil 017.

sans entraîner le moindre changement dans les appareils en usage : Morse, Hughes, relais, etc.

Ce dispositif si simple et des moins coûteux offre donc un moyen de remplacer les procédés dits de décharge ou de compensation, mécaniques ou autres, actuellement en usage avec les manipulateurs ou relais employés sur les lignes souterraines et sur quelques lignes sous-marines.

Il ne nécessite pas de pile de décharge et ne demande ni *réglage* ni *entretien*, puisqu'il suffit de donner une fois pour toutes à la dérivation le coefficient de *self-induction* et la résistance qui conviennent le mieux pour la ligne sur laquelle on veut l'établir.

C'est ainsi que plusieurs circuits souterrains fonctionnent depuis plusieurs mois d'une manière très régulière, sans qu'on ait à s'occuper en aucune façon des électro-aimants à circuit magnétique fermé qui constituent les dérivations.

Quatre de ces circuits, d'environ 300 kilomètres de longueur, modèle M, ayant une résistance de près de 9 ohms et une capacité de 0,2 microfarads par kilomètre, ne pouvaient être utilisés précédemment qu'à la condition d'être fractionnés en deux sections, avec relais translateur au poste intermédiaire; ils fonctionnent aujourd'hui en communication directe, sans relais intermédiaire ni local, à une vitesse au moins égale, si ce n'est supérieure, à celle d'autrefois et sans être exposés aux difficultés provenant d'un réglage défectueux des translateurs.

Les piles y sont de 45 Callaud; le coefficient de *self-induction* des dérivations est d'environ 40 unités pratiques, et leur résistance, de 900 à 1,000 ohms.

J'ai pu, grâce à ce procédé, transmettre des signaux Morse, en me servant des récepteurs ordinaires, à la vitesse de 16 à 17 mots par minute sur un circuit souterrain ayant 925 kilomètres, présentant une résistance de 4,975 ohms (pour le conducteur seul) et une capacité de 185 microfarads; le réglage du récepteur demandait, il est vrai, une certaine précision, mais il est à remarquer que les dérivations n'étaient pas constituées en vue de ce circuit, puisque leur coefficient de *self-induction* n'était que de 64 unités, et leur résistance, de 1,280 ohms. (Je n'en avais pas d'autre à ma disposition.)

Les résultats acquis jusqu'à présent, ou fournis par les expériences ici sur divers circuits, semblent indiquer que le rendement *en communication directe* peut être ainsi augmenté de 58 p. 100 sur des circuits de 250 à 300 kilomètres, de près de 90 p. 100 sur ceux de 350 à 400, de 125 p. 100 sur ceux de 500 à 600, et de 200 p. 100 sur ceux de 700 à 800, etc. Il est toutefois préférable, lorsqu'on le peut, d'avoir recours à des relais translateurs et au fractionnement de la ligne, quand celle-ci dépasse 350 ou 500 kilomètres, suivant qu'elle est du modèle M ou du modèle G; les dérivations électro-magnétiques placées sur chaque section près du transla-teur rendent inutiles les parleurs ou relais de décharge, et cet appareil, ré-duit aux organes de translation strictement nécessaires, n'offre plus de grandes difficultés de réglage.

Sur les lignes soumises à de nombreux courants d'induction et des-servies par l'appareil Hughes, il peut être bon de réduire la longueur des sections.

Ces dérivations sont constituées par un électro-aimant à circuit magné-tique fermé ayant les dimensions des électro-aimants ordinaires, mais dé-pourvu, bien entendu, des vis et rondelles en laiton qui existent dans ces derniers. L'armature a les dimensions de la culasse; en outre, dans l'une et l'autre, les extrémités sont arrondies pour mieux utiliser les lignes de force.

Cette disposition et ces dimensions ne fournissent pas le maximum de *self-induction* pour un nombre donné de spires; mais je leur ai donné la préférence parce qu'elles rentrent, à peu de chose près, dans la fabrication courante des électro-aimants de nos appareils Morse, tout en permettant d'obtenir des effets suffisants pour le but que je poursuis.

Les ateliers de l'Administration ont construit trois types de ces électro-aimants : les uns ont une résistance de 500 ohms et un coefficient de *self-induction* qu'on peut faire varier de 10 à 40 unités environ; les autres ont une résistance de 750 ohms et un coefficient de *self-induction* de 15 à 80 unités; les derniers ont une résistance de 1,000 ohms et un coefficient de *self-induction* de 20 à 120 unités pratiques.

Les variations du coefficient de *self-induction* en même temps que de la période d'aimantation ou de désaimantation s'obtiennent par la manœuvre de deux vis en laiton qui sont portées par l'armature et permettent de l'é-carter plus ou moins des pôles. On peut encore faire varier dans de grandes proportions le rapport $\frac{L}{R}$ du coefficient de *self-induction* à la résistance, soit par l'addition d'une résistance, soit par le groupement différent des bo-bines, de sorte que ces trois types spéciaux suffisent largement pour les différents circuits qui se rencontrent dans la pratique.

Une fois la dérivation réglée pour le conducteur auquel elle est destinée, il n'y a plus à y toucher.

Duplex. — Je crois pouvoir indiquer que des dérivations de ce genre, bien calculées et placées à chaque extrémité d'un fil ayant une certaine ca-pacité permettraient, dans beaucoup de cas, de faire de la télégraphie Du-plex sans recourir à l'usage de condensateurs sur la ligne factice.

Téléphonie. — Il semble également que leur emploi devrait améliorer la netteté des articulations sur *certaines* lignes téléphoniques et, par suite, augmenter peut-être la distance à laquelle il est possible de correspondre. Je n'ai pas eu toutefois l'occasion d'en faire l'expérience, et il est possible que le gain en netteté soit compensé par une perte en intensité. Il est à présumer d'ailleurs que les électro-aimants décrits ci-dessus ne conviendraient pas pour cet usage et qu'il faudrait en établir de spéciaux.

TABLE DES MATIÈRES.

9 782329 048642